ブキャナン=スミスの

斧本

著者：ピーター・ブキャナン=スミス

協力：ロス・マキャモン、ニック・ズドン、マイケル・ゲッツ

撮影：ピーター・ブキャナン=スミス
訳：大久保ゆう
監修：服部夏生

JN116686

WRITING, PHOTOGRAPHS, AND DESIGN: PETER BUCHANAN-SMITH
EDITING AND WRITING: ROSS MCCAMMON
RESEARCH AND WRITING: MICHAEL GETZ
RESEARCH: ELEANOR HILDEBRANDT
EDITORIAL CONSULTANTS: NICK ZDON, PETER DUDLEY, CHRIS GARBY
CONTRIBUTORS: MICHAEL LANIAK, JOHN MACLEAN, JARED NELSON,
HEATHER LAI, GAZ BROWN, HARRY PROUTY,
CRISTIN BAILEY, MIKE KUHNS, LIAM HOFFMAN, JULIA KALTHOFF,
C.W. "BUTCH" WELCH & MISS PEN
EDITOR: REBECCA KAPLAN
PRODUCTION MANAGER: ANET SIRNA-BRUDER

Japanese translation rights arranged with Harry N. Abrams, Inc.
through Japan UNI Agency, Inc., Tokyo

Japanese edition creative staff
Editorial supervisor: Natsuo Hattori
Translation: Yu Okubo
Text layout and cover design: Hidetaka Koyanagi (Raidensha)
Editor: Kazuhisa Sekiya
Publishing coordinator: Senna Tateyama (Graphicsha Publishing Co., Ltd.)

ISBN 978-4-7661-3438-4 C0076
Printed in Japan

ホフマン・ブラックスミシング
ノースカロライナ州ニューランド

アメリカ林野局
ソーコ森林監視員詰め所
ニューハンプシャー州コンウェイ

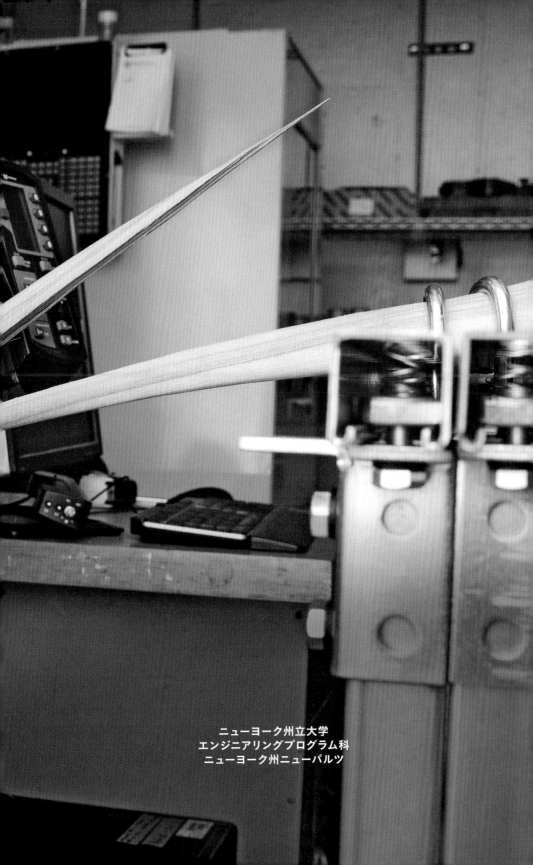

ニューヨーク州立大学
エンジニアリングプログラム科
ニューヨーク州ニューパルツ

水野製作所
日本・新潟県三条市

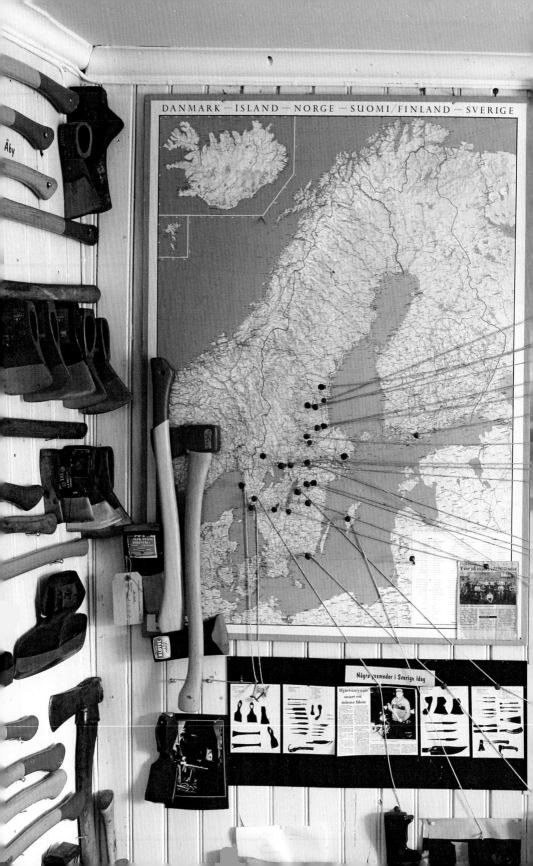

グレンスフォシュ・ブルークの斧博物館
スウェーデン・北ヘルシングランド

キャッツキル山地
ニューヨーク州アンデス

目次

はじめに   23
斧の小史   27

斧を知る
1. 斧の図解   37
2. 斧の分類   41
3. 良い斧に必要なものとは?   61
4. 斧身の科学   67
5. 製造   79
6. 柄の科学   89
7. 斧振りの科学   101
8. 木材の科学   109

斧を買う
9. 新品の購入   121
10. 中古の購入   127
11. マークとラベルの見分け方   132
12. 収集用の有名(かつ現存しない)斧メーカー一覧   139

斧を使う
13. 安全面   143
14. 研ぎ方   147
15. 薪割り   161
16. 枝払いと木挽き   173
17. 木を切り倒す際の注意点   183
18. 小型の斧の使い方   187

斧の手入れ
19. 柄の取付け   193
20. レストア   207
21. 装飾   217
22. 保管、取り扱い、維持管理   231

参考文献、クレジット、取材協力   232
謝辞   234

古道具のようなたいへん地味なものにこそ、率直なエレガンスがあり、それはその道具の使い手の求めに敏感な文化から生まれたものでした。スタイルとは、物事・アイデア・態度が形をとったあり方です。スタイルとは、無形のものが有形となった側面なのです。

——マッシモ・ヴィネッリ

母（芸術家）と父（科学者）に

まえがき

　本書は、筆者お気に入りの道具にあてた恋文だ。個人的に学んできたことの集大成であるため、あえて自分を一人称にして書いている。だからこそ、この本をただの『斧ハンドブック』ではなく『ブキャナン＝スミスの斧ハンドブック』（原題）と名付けたのである。このきわめて奥深い道具について、個人的にも理解を深めてきた知識・歴史・模範事例がここに反映されている。斧とはどこまでも私的なものだ。筆者にとっても、本書協力者にとっても、ロバート・フロスト（124ページ）にとっても、そしてますます増える大勢の愛好家にとっても。読者にとっても、斧が私的なものになるお手伝いができれば幸いだ。

はじめに

　自分の生まれ育った実家、カナダの農場にあった父の伐採用の斧を思い出す。柄がかたちのいい曲線を描いていて、その持ち手は子鹿の足の形状なのだが、茂る草むらや深い雪原に置き忘れてもすぐに見つけられるよう、鮮やかな黄色に塗られていた。ほかにも思い出すのが、オンタリオ州北部のアルゴンキン公園の歴史ある少年キャンプ「アフメク」で行ったカヌーの旅で使った斧のことだ。何週間も漕いだり運んだりする旅だったが、そのとき所持していたのは地図、パドル、縞模様の入ったスギ材のカヌー、革のストラップ付きで緑色のダックキャンバス地の特大バックパックくらいなものだった。あと積み込んだのは黒いゴミ袋に詰めた寝袋で、それから1本の斧がカヌーの側面にくくりつけてあった。そういえば、このキャンプでお世話になったガイドのデイヴ・コナッハーは、斧があれば荒野で何でもできるし、逆に斧がなければすべて終わりだと教えてくれた。

　2009年にeBay[※]で購入したブランド名のない1本の斧のことも思い出だ。年代物だが立派な伐採用の斧で、使い込まれた柄と黒サビのある斧身（おのみ）がこれまでのことを物語るようだった。数年後、やっとのことで購入したキャッツキル山地の山小屋にその斧を持ち込んだ。といっても数ヵ月間は、私のニューヨークの工房の片隅で飾られたままになっていた。美と有用性を兼ね備えたオブジェだ。質実剛健の象徴。その片隅から、斧は私の身に起こった離婚や愛犬の死、そして人生の転機を見守ってくれた。そのすべてにさよならを告げるところも見てくれていたし、のちに自分のライフワークとなる副業プロジェクト

**最初に
手にした斧**

**美と有用性を
兼ね備えた
オブジェ**

※インターネットオークションを行う世界的サイト

の種を最初に植えたときにも、ただそこにあった。むしろ、その着想の源になってくれたとも言える。

Best Made社

　Best Made社は筆者のガレージ内で始まった。私と、明るい色のエナメル塗料が数缶、スパーワニスの大きめの缶がひとつ、10数本の斧、それだけだった。やがてBest Madeは、明るくカラフルで、大胆なアート調のある斧で有名になっていった。ノースカロライナ州ワッカモー湖のほとりにある3代続く鍛造業者カウンシル・ツール社が、私の要望に合わせて作ってくれた斧だった。弊社はただ斧を宣伝販売するだけでなく、斧についての物語を伝えた。顧客に斧の使い方や修復方法も説明した。カタログでは、斧が本来あるべき野外で振るわれている様子も紹介した（おしゃれ地区のアパートの壁に吊るすだけの顧客がいるにしても）。何千本もの斧を世界のありとあらゆる場所に出荷した。Best Madeの登場以前は、斧といえば道具小屋に置かれるのが関の山だったが、今やアートギャラリー、美術館や博物館、経済誌『フォーチュン』の上位500のリストに出てくる企業の役員室にも飾られている。Best Madeの取り扱い品目も数百へと成長し、斧だけでなく、救急箱や工具箱、シャンブレーシャツから高機能ダウンジャケットにまで広がり、そして10年も経たないうちに本格的な小売ブランドとなり、オンラインとカタログ販売が人気となるほか、ニューヨークとロサンゼルスで店舗を展開するに至った。

人類のDNAに組み込まれた斧

　Best Madeの小売店に詰めていたときは、顧客が斧を初めて手にする様子をよくながめたものだ。そこにはいつも、穏やかな畏敬の念があった。斧の重みや鋭さに感嘆の声を上げ、時には言葉を失うこともあった。それは、斧が（ほかのどんな道具とも、おそらく他のどんなオブジェとも違って）私たちのDNAに深く刻み込まれているからだと思う。斧は人類最古の道具なのだから、斧を振るうときはもちろん、ただ握る際にも、筋肉を通じて太古の記憶とつながっているのだ。

キャッツキルの丘陵へと向かう

　私はこの本を書くためにBest Madeを退職した。本書の執筆には何年もの歳月がかかっている。斧の物語を伝えるためには、他者の物語に耳を傾ける必要があった。そこで私は、世界中の斧を集め出し

た。北東海岸のフリーマーケットを探し回った。中古の斧の刃を研ぎもした。さらに友人を集めて、キャッツキル山地にある筆者所有の丘陵にも出かけた。アメリカ林野局のトレイル作業員たち、メイン州とノースカロライナ州で急成長中の斧鍛造業者、高級合成ダイヤモンド石のメーカー、3代目の木こり、そして生涯をかけた斧収集家たちにも会った。ニューヨーク州北部にある清潔な研究室で、エンジニアが斧を耐久テストにかけるところにも立ち会った。

　自分のした過去の旅の記録も深く掘り下げた。そういえばスウェーデンのグレンスフォシュ・ブルークの斧工場では、オーナーのガブリエル・ブランビーと一緒にシュールストレミング（ニシンの発酵食品）を食べたあと、その工場でひと晩寝たこともあった。友人で元同僚でもあるニック・ズドンとともに、368ブロードウェイにあるBest Madeの工房で、斧の修復を教えていたこともあったのだが、その最初の生徒たちのところも再訪した。その講座にはニックと私、青年3名と、母と同い年の小柄な女性1名が参加していたのだが、彼女は、これまでに出会ったなかでも最大級に熱心な斧愛好家だった。

　Best Madeの創業時にはまさに目の前で、金物店の棚から、さらには会話や文化全般から、斧が消え始めていた。それから10年が経ち、あちこちで斧を目にすることが増えていて、個人的にもたいへん嬉しい。ソーシャルメディアでも、実際の店舗でも、オンライン店舗でも見かけるようになった。Best Madeがその一端を担えたのなら幸いだ。Best Madeの創設時には、アメリカには斧鍛造業者が3つしかなかった。今では5つになった（これはささいなことに思えるかもしれないが、21世紀に鍛造業で創業するのは並大抵の仕事ではないのだ）。ただ、この道具への関心が再燃しても、それに関する書籍や資料はほとんどない。本書はまさしく良質の斧のように、道具としても刺激としても役立つようデザインされている。初心者の生活にはもちろん、専門家の日々においても、かけがえのない役割を果たしてくれることを願っている。

斧の小史

斧は人類最古の道具だ。斧職人が何千年もかけて何とか人間にできる最大限の改善を行ってきた、つまり不器用ながらも手直ししてきた結果の産物でもある。そもそもの最初から、人類は斧の鋭さとバランスと効率がもっと向上するよう追い求めてきた。まったくシンプルなものをさらに完璧にしようと努力してきたわけだ。ここでは、今その手にある斧をかたち作ってきた歴史を語っていくが、斧の製造と販売の両面が爆発的に発展した19世紀に記述が偏っている点をあらかじめ了承してほしい。本書を読むことで、何十万年も前から脈々と現在まで続き、そしてこれからも続いていくひとつの物語のただなかに自分たちがいるのだと、実感してもらえたら幸いである。

斧らしきものの最古の例は、およそ200万年前、原人たちに石器として作られている。彼らは原石の剥片を削って、ギザギザの刃先をこしらえたという。諸刃（もろは）の石斧が現れたのは、前 60万年前頃だ。こうして斧の知識は文明世界で急速に広まったが、考古学者のなかには、その時点で世界人口の約半分が手斧（ちょうな）を使っていたと推定する者もいる。そして注目すべきは、斧の形状がすでにかなり定まってきていたことで、素材は別にしても、現代のイングランドで発見された当時の手斧と、東アフリカで見つかったものは、ほとんど区別がつかないほどである。

長い歴史を
ひもとく

石器から
鉄器へ

　柄付き斧が最初に登場したのは、おそらく中石器時代（前1万〜8000年）の現在ヨーロッパ北部とされる地域で、当時は刃先を研いだ上で、トナカイのツノの基部につけていたと考えられる。前7500年までに（現代のデンマークにあたる）北部森林地帯の人々は、打ち欠いた燧石（ひうちいし　セルト）の刃に、ツノの柄を付けて斧のような道具を作っていた。こうすればツノそのものよりも切れ味がよくなるため、小さな木の伐採や、丸太のくり船の製造などに使われ出した。本格的な柄付き斧が初めて作られたのは、それより少しあとの前7000年ごろである。

　そのあと石斧はさらに薄く鋭利になっていき、やがて前3000年ごろ銅製となり、続いて青銅器、鉄器と変化していった。そして前500〜200年にかけて製造され始めたのが、クサビ形の重めの斧に楕円形の柄穴の付いたものだ。たいてい楕円状の棒のまわりへ鉄を長方形にまとわせて、まずその穴を先に作る。その後、この鉄塊の両端を鍛造し、ハンマーで叩いて刃先を作っていくわけである。

　1000年ごろには、ヴァイキングも諸刃（もろは）で刃渡りの広いブロードアックスを使っていて、その重量は約1.4キロ、さらに斧身には焼き入れして硬度を上げた刃が付けられていた。かたやヴァイキングの斧には別途、刃幅の狭いデザインもあり、こちらは武器使用されることもあるが、もっぱら樹木の伐採や刈り込みに用いられたものだった。このデザインは20世紀まで、北欧とイギリス諸島の全域で使用されていた。なお13世紀当初のモデルはまだ鉄製である。

　最初に大規模な鋳鋼※に成功したのは、1740年ごろのイギリスである。1765年にはもう、この鋼鉄が斧にも用いられていたが、たいへん高価だったので主として刃先に使われるだけだった。1700年代後半に至るまでは、斧の技術革新をこれ以上引き受ける国はどこにもなかった。ところがとうとうアメリカが参入してきたのである。

※1740年にイギリスの時計職人ハンツマンが真ちゅう用るつぼ溶解炉で適用して、良質の鋼を作り出したことで、刃物鋼のクオリティが著しく高まった。

この6つの石斧は、友人ジョン・マクレーンの収集品である。注目してほしいのは、上4つの側面に溝がある点で、ここにおそらく柄が付けられていたのだと思われる。いずれも古代の斧で、前2000〜7000年にかけてのものだろう。下2つの表面がなめらかな斧は、前800〜1000年ごろのものかと思われる。こうした標本の年代を正確に特定するのは難しいが、少なくとも先史時代のものであるのは確かで、おそらくアメリカ南東部のものであるようだ。

北米の斧

18世紀のあいだは、アメリカの斧のほとんどが鉄製だったが、刃を鋭く何度も研ぎ直せるよう、鋼※の刃先をつけていた。したがって刃がまったく磨耗したとしても、鍛冶職人はその上から新しい鋼の刃をかぶせるだけだった。

だがアメリカの入植者が西へ西へと移動するにつれて、道具として必要なものが変わってきた。ヨーロッパ式の斧は、太平洋岸北西部の巨木を伐採するのには適していなかったのだ。そこで斧は大ぶりになり、ある時点では斧の柄が全長107cmにもなったといい、1907年末には、2.7kgもの重量がある伐採用の斧が販売されていたらしい。

ささやかながらも
画期的な改良

現在の基準では、いずれも安全とはとても言えない。というのも、1万年ものあいだ斧には、バランスを取る重し（つまりは斧頭）がほとんどなかったからだ。現在販売されている斧では、刃先の反対側にも金属のかたまりがしっかりついていて、斧を振るうときにもバランスと安定性が出るようになっている。そこで北米の鍛冶職人は、柄の後ろに重みが出てくるように、斧頭を重くしたものを鍛造し始めることになった。これでバランスがよくなったわけで、現代アメリカの単刃斧のおおもとができたことになる。

19世紀中盤には、工場生産の方法論と標準化がどんどん進んだ。大量の鋼鉄が入手可能となり、その結果、以前の鉄製斧よりも高品質の斧が生まれた。大規模な斧の会社の先駆けが1826年設立のコリンズ社で、ここは斧身と柄の両方、つまり完全な斧を製造できる最初の会社となった。その進歩の多くは、コリンズ社の機械工だったイライシャ・K・ルートの技術革新によるもので、この人物は鍛造・型板・鋳造・パターンローラー・打ち抜きなどで、新工程を発明したのである。ここでそのプロセスを確認しておこう。

鋼を機械成形できるドロップハンマーは、手打ちに代わって斧身の製造作業を短時間で済ませられるため、鍛造工場の効率はたいへん向上した。だがその工場は地獄のような場所だった。火花が周囲に飛び散り、そして工具のぶつかり合う音とハンマーの轟音のなかで、職人たちの怒号が飛び交うのだ。

※鉄は含有炭素量が0.02%未満、鋼は0.02%〜2%ほどとなっている。鋼は強度と靭性に優れており、刃の部分に使われることが一般的である。

斧身はそこから熱処理工場へと運ばれ、石炭炉で加熱されたあと、水中に落とされ、その水からは延々と水蒸気が立ち上り音を立てていく。研磨工場にしてもやはり不協和音が響き続ける。作業員たちが斧身を当てる大きな砥石は、1トン以上の重量がある。それぞれの石を冷やし続けるために水が用いられるが、お構いなしに粉塵が作業員を包み込む。一日中吸い込んでいるわけだから、作業員の多くが塵肺で亡くなった。

　（現在では、巨大なハンマーを鋼の上に落として瞬時に金型に合わせて成型させる「ドロップフォージング」という方式で、斧の製造がなされることが多い。柄を挿す穴は、アップセッターと呼ばれる別の機械で打ち抜く。このプロセスには尋常でない力が必要となるが、これがはるかに速く安全だ）。

　機械化に伴い、斧専門の用具会社が何十社と出てきたが、どの社もマーケティング費用（または想像力）を惜しまなかった。各用具には、それぞれユニークな名前がつけられ（たとえばウッドスラッシャー、ノットチョッパー、チップスリンガーなど）、派手な図案・意匠も施されていた。

　1880年代になると、アメリカ東部中の町々に工場が見られるようになった。やがてこうした企業のうち14社が、アメリカン・アックス＆ツール社と呼ばれる複合企業を形成し、瞬時に全アメリカの斧生産の90%を占めるようになった。巨大工場がペンシルバニア州グラスポートに建設されたが、内輪もめと法的トラブルのためにたちまち協力関係にひずみが生まれ、1921年にはケリー・アックス・マニュファクチャリング社に買収されることとなった。

　とはいえ、その数十年前から斧は衰退の一途をたどっており、そしてノコギリ技術の向上が斧の人気に終止符を打つきっかけとなった。かつて東海岸では、斧で木を切り倒したあとで、ノコギリで玉切りして木材にしていくのが一般的だった。しかしとうとう木こりも気づいたのだ。斧はV型の受け口（木の伐採時に倒れる側につける切り口）を作るためだけに用いて、それ以外のところではノコギリを使えばいいのだと。

　20世紀初頭に動力ノコギリが普及したことが、致命的な打撃と

なった。その効率性と使いやすさのために、動力ノコギリの人気が急上昇したのである。確かにこの発明品は、さまざまな用具一式を持ち運ぶ必要があったが、それでもはるかに早く木材を切れることは明らかだった。

復権

　20世紀には、農園や林地・製材現場などで斧の衰退が顕著だったが、一方でアメリカ国立公園、ボーイスカウト、ガールスカウト、オートキャンプ、サマーキャンプも新たに現れ始めた。アウトドアは、娯楽や保養を追い求めていた新興の中産階級にとって、新たな人気の遊び場となるとともに、自分たちの防水・防寒・滋養補給のための用具も必要になっていた。そこでこの要望に応じたのが、デイヴィッド・アバクロンビー、エズラ・フィッチ、レオン・レオンウッド・ビーン、チャールズ・F・オーヴィス、エディ・バウアー、クリントン・C・フィルソンら、実業家や起業家で「アウトドア用品店」の先駆けとなった面々だった。既存の斧メーカーは、こうした各社から図版入りのカタログにも映える自社ブランドの斧の製造を依頼され、こうして斧は寝袋・キャンバステント・調理用コンロとともに主要商品として販売されだした。

　21世紀になると、EtsyやeBayなど新たに手軽な販路ができたことも相まって、工芸品や伝統的なものづくりが再び盛り上がることとなった。以来、新規の鍛造業者が登場し、古い工場も復活し、斧への関心が再び高まり、このすぐれた道具の歴史にも、まったくの新章が加わることになったわけである。

歴史年表

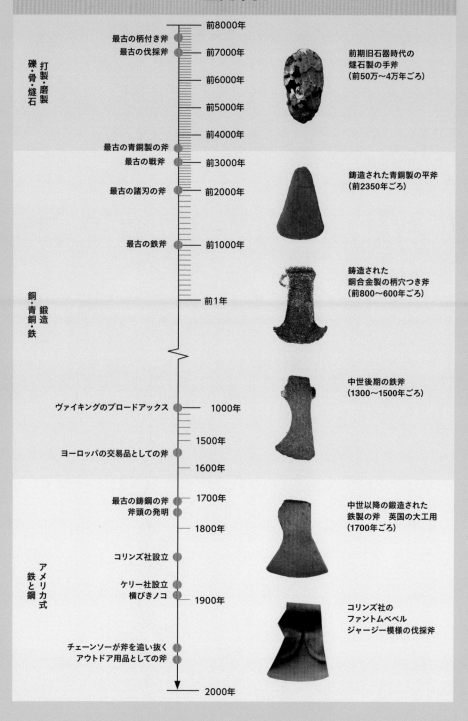

前8000年

最古の柄付き斧
最古の伐採斧 — 前7000年

前6000年

前5000年

前4000年

前期旧石器時代の
燧石製の手斧
（前50万〜4万年ごろ）

最古の青銅製の斧
最古の戦斧 — 前3000年

最古の諸刃の斧 — 前2000年

鋳造された青銅製の平斧
（前2350年ごろ）

最古の鉄斧 — 前1000年

前1年

鋳造された
銅合金製の柄穴つき斧
（前800〜600年ごろ）

中世後期の鉄斧
（1300〜1500年ごろ）

ヴァイキングのブロードアックス — 1000年

1500年

ヨーロッパの交易品としての斧 — 1600年

最古の鋳鋼の斧 — 1700年
斧頭の発明

中世以降の鍛造された
鉄製の斧　英国の大工用
（1700年ごろ）

1800年

コリンズ社設立

ケリー社設立 — 1900年
横びきノコ

コリンズ社の
ファントムベベル
ジャージー模様の伐採斧

チェーンソーが斧を追い抜く
アウトドア用品としての斧

2000年

礫・骨・燧石
打製・磨製

銅・青銅・鉄
鍛造

アメリカ式
鉄と鋼

Knowing
斧を知る

友人で木工の匠ピーター・ダドリーが持つ
メリーランドにある工房内

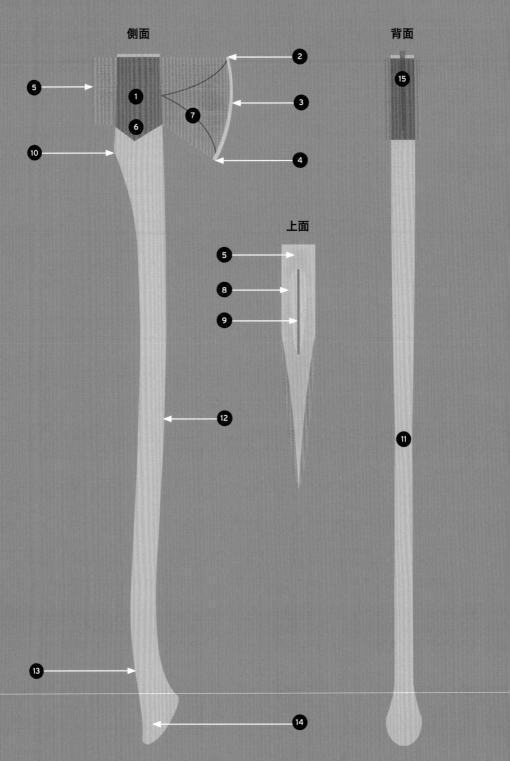

側面

背面

上面

1. 斧の図解

斧身
おのみ

1. 斧腹
2. 刃末
3. 刃先
4. 刃元
5. 斧頭
6. 斧へり
7. ベベル
8. 柄穴(ヒツ)

単刃斧の場合、斧身は、刃先（木材に食い込む）、斧頭（刃の反対側で重しになって安定させる）、柄穴／ヒツ（柄の差し込まれるところ）から構成されている。出来のいい斧身は高炭素鋼から鍛造されたもので、焼き入れの工程を経て刃先の硬度が上げられ、焼き戻しの工程によって靱性を持たせられる。斧身自体に光沢や凝りは不要だが、刃先はいつも鋭利でないといけない。

柄

9. クサビ
10. 柄肩
11. 柄背
12. 柄腹
13. 握り
14. 握り突起
15. カーフスロット

柄と呼ばれるものでも最高級品は、節がなく木目もまっすぐなアメリカ産のヒッコリー材で作られたものだ（96ページ参照）。サイズや形状もさまざまだが、すっぽ抜けないよう必ず柄尻部分に握り突起がある。現代の斧のなかには、プラスチック製またはファイバーグラス製の複合材でできた柄を持つものもあるが、あまり品質を補うものではない（98ページ参照）。柄は手に持ったときの感触が、太すぎても長すぎてもいけない。柄は斧身と同じく、持ったときにしっくり来るものであるべきだ。

斧身の解説

1. 斧腹　斧腹とは、斧身の側面のことで、通常はラベルやメーカーのロゴなどが入るところ。

2. 刃末　刃末は、刃先上部の角（使用者からいちばん遠いところ）にあたる。

3. 刃先　刃先は、斧の研ぎ澄まされた刃部分である。初期の斧は鋼鉄製で、鉄でできた斧身の一部分にはめ込んだり重ねられたりしていた。現代に近づくと、斧身全体が1枚の鋼から成形されるようになり、刃先はその鋭利になった部分である。双刃斧は、当然ながら2枚の刃先がある。

4. 刃元　刃元は、刃先下部の角（使用者にいちばん近いところ）にあたる。

5. 斧頭　アメリカ式の単刃斧に特徴的な斧頭は、刃先の反対側にあるモノの切れない短い部分。重しとして釣り合いを取るためのもの。

6. 斧へり　斧へりとは、斧身の延長として丸形や三角形になっている部分のことで、斧身と柄の固定をしやすくするためのもの。一部の斧にある。

7. ベベル　ベベルは、たいていの斧にはふつう見られない。斧身の刃の側面に沿って三角の形につけられていて、斧の詰まり（木材内での引っかかり）を減らすためのもの。

8. 柄穴（ヒツ）　柄穴（ヒツ）とは、斧身を貫通している開口部のことで、そのなかに柄（とクサビ）が挿入できる。クサビをはめると柄の先が広がって、つまり斧身がすっ飛んでいく可能性も下がってくる。単刃斧では、柄穴と柄の端の形状が（真上からだと）、ふつう先細り（涙形）になっていて、さらに細い方の端が刃先に近く、くさびや向きをまっすぐ合わせやすいようになっている。

クサビは、柄穴の上から差し込まれ（具体的には、柄にノコギリで入れられた切り込み（カーフスロット）に差し込まれ）、柄穴内で柄の上部を広げて、ぴったりとはまり込むようにするもの。

9. クサビ

柄肩は、斧身のすぐ下に位置し、斧身はふつうこの肩の上に据えられる。（まっすぐな柄の場合にも同様に肩があり、双刃斧には両方に肩がある）。

10. 柄肩

柄背は自分の側、つまり後ろにカーブしている。

11. 柄背

柄腹は、自分の反対側へふくらんだ曲線で、振り上げた際に片手を滑らせるところ。

12. 柄腹

握りは柄背の下にあたり、固定した方の手がとどまるところで、振り下ろした際にはもう一方の手が下がってたどりつく部分。

13. 握り

握り突起は、斧の柄尻（柄の先端）にある突き出た部分。これがあるおかげで、柄が手からすっぽ抜けにくくなる。刃に向かって突き出たほうは、かかとと呼ばれ、持つ人や斧頭のほうは、つま先とも呼ばれる。握り突起は、斧全体の見た目とも大きく関わってくる。握り突起はたいてい「子鹿の足」のような形状で、先が平に切り落とされている。

14. 握り突起

カーフスロットとは、クサビが差し込まれる柄の上部に入った細い切り込みのこと。

15. カーフスロット

2. 斧の分類

　斧はたまにアマニ油を塗らなくてはいけないが、可動部分やバッテリーはないので、性能のいいものに買い換えたりする必要はない。求めるもの次第ではあるが、いい斧が1本あればそれだけで何とかなったりもする。ただし義務として、目の前の仕事に合った斧を選んでほしいし（少なくともその斧が仕事に対して非力なのか過剰なのかの見極めはできてほしい）、できるだけ安全にその斧を使ってほしい。

　本章で紹介する各種の斧があれば、多かれ少なかれたいていの人の用は足りるだろう。むろん種類ごとに微妙な差があるが、話し始めると本1冊分かかってしまう。ごく簡単に、自分にいちばんなじむ斧を選ぼう。たとえば木割りにはハンマー斧を用いる人がほとんどだが、個人的には軽めのものが好みで、自分はアメリカ式の大ぶりのフェリングアックス（伐採斧）で事足りる。実際に木を切り倒す際にもそのアメリカ式の伐採斧が使えるわけだが、その場合にはむしろ小さめでお気に入りのスカンジナビアンフォレストを用いたい。経験を積むほど、どの斧がしっくり来るのか、自分なりの意見が出てくるわけだ。

ごく簡単に、
いちばんなじむ
斧を選ぼう

フェリングアックス（伐採斧／切斧）

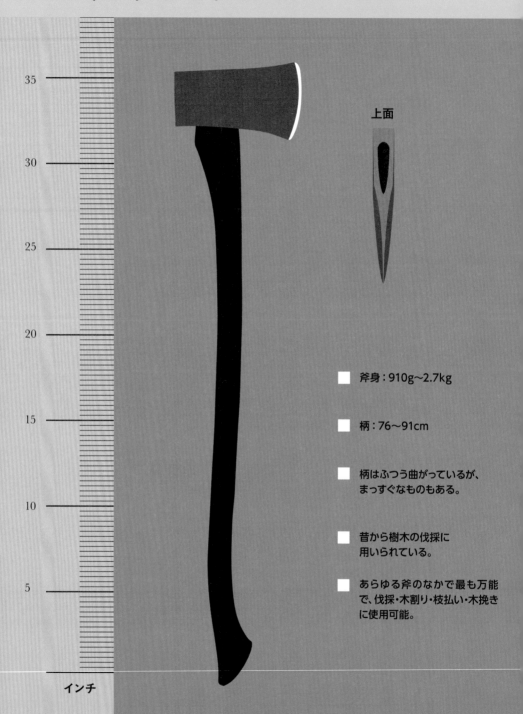

上面

- 斧身：910g〜2.7kg

- 柄：76〜91cm

- 柄はふつう曲がっているが、まっすぐなものもある。

- 昔から樹木の伐採に用いられている。

- あらゆる斧のなかで最も万能で、伐採・木割り・枝払い・木挽きに使用可能。

インチ

1インチ ＝2.54cm

仕様解説：

斧身は910g〜2.7kgの鍛造鋼製で、斧腹は広い。柄（できればカーブしているものが望ましい）は、ワニスなしで直木目のアメリカ産ヒッコリー材がよく、長さは76〜91cm。ワニスが塗られている場合は、ヤスリで剥がして、そのあと軸と木口（つまり上と下）を沸騰させたアマニ油でコーティングすること。初めて手にしたときの「こんな細身の柄の先にぐっと重さがあるなんて」という感覚は忘れられない。使う人にうまく合えば、これほど気持ちよく振るえるものはない。重すぎると感じるなら、もっと軽い斧を試してみよう。

背景知識：

今知られているような伐採用の斧は、18〜19世紀にかけて東海岸の木こりや開拓者のニーズを満たすために開発されたもの。設計上、それまでのものよりも効率がよかったため、このフェリングアックス型はすぐに他国へも伝わっていった。たとえば、19世紀後半にオーストラリアで木を伐採するといえば、大半の人がアメリカ式の頑丈な伐採斧を使っていた。

使用方法：

何にでも使える斧。1本だけ斧を持つとしたら、まずは何かしらのフェリングアックスだ。刃先は薄く鋭く、5〜7.5cmの深さで木の繊維を切りきれるように設計されている。丸太を割るためにデザインされているわけではないが、伐採斧は、カバ、マツ、トウヒ、ポプラなどのやわらかい木ならバターのように割れる上に、硬材もほとんどが何とかなる。個人的にもこの用途に使うことが多い。薪を焚き付け用に小割するのはもちろんのこと、倒木の枝払いや木挽きにも使える。これほど汎用性と効率性が高い斧は他になく、見るほどに美しい。

ダブルビット（双刃／諸刃）

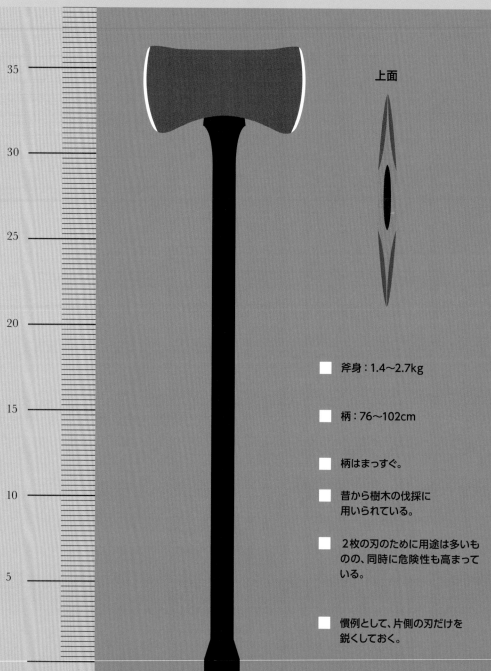

35 —

30 —

25 —

20 —

15 —

10 —

5 —

上面

- 斧身：1.4〜2.7kg

- 柄：76〜102cm

- 柄はまっすぐ。

- 昔から樹木の伐採に
  用いられている。

- 2枚の刃のために用途は多いも
  の、同時に危険性も高まって
  いる。

- 慣例として、片側の刃だけを
  鋭くしておく。

仕様解説：

当然のことながら斧身は、シングルビット（単刃）よりも5〜10cmほど長いが、手に持ってもそれほど重くなったようには感じない。柄はほとんどの場合いつもまっすぐ。

背景知識：

ダブルビットは、とりわけ太平洋岸北西部のアメリカの木こりたちが好んで使っていた斧。片側の刃が鈍ってきたら、ひっくり返して反対側の刃が使えた。2本分の働きを1本でする、スマートなモデルだ。だが19世紀にダブルビットがアメリカの木こりに売り出された当初は、その安全性を疑う人が多かった。つまるところ、反対側の刃が自分に刺さってしまいそうだからだ。とはいえ、木こりたちが慣れるのにさほど時間はかからず、19世紀後半のアメリカ式斧の黄金期では、ずっとダブルビットこそが優れた斧だと考えられていた。ダブルビットを「トワイビル」と呼ぶこともあるが、同じ名前で知られる小型道具（豆刈り鎌）と混同するおそれがあるので注意。

使用方法：

木こりは、片側の刃を伐採用に鋭くしておいて、もう片側の刃を枝切り用に太めにしておいたという。枝切りに薄い刃を使ってしまうと、きまって節のところで欠けたりしてしまうからだ。ダブルビットは危険な斧だ。振りかぶったときに刃を自分にぶつけてしまうだけでなく、使用後うっかり丸太に打ち込んだままの斧を踏んづけたり、その上に倒れ込んだりするおそれもある（シングルビットの斧にも同様のことはありえるが）。名著『斧で暖をとる』（現在は『斧の本』として刊行）で、ダドリー・クックは次のように述べている。「（ダブルビットの）鋭い刃をむき出しのまま突き出させておくのは、想定外の本質が"うっかり"にあると言わんばかりの行為だ。たとえ丸太に打ち込んでおいたとしても、つまずいてそこへ突っ込んでしまうこともあるのだ」。とはいえ、ひとつだけ安全機構が組み込まれている。使っていない刃は、もう一方との重みのバランスを取るように作用するため、ぐらつきが減って精度が上がるという点だ。

モール（ハンマー斧）

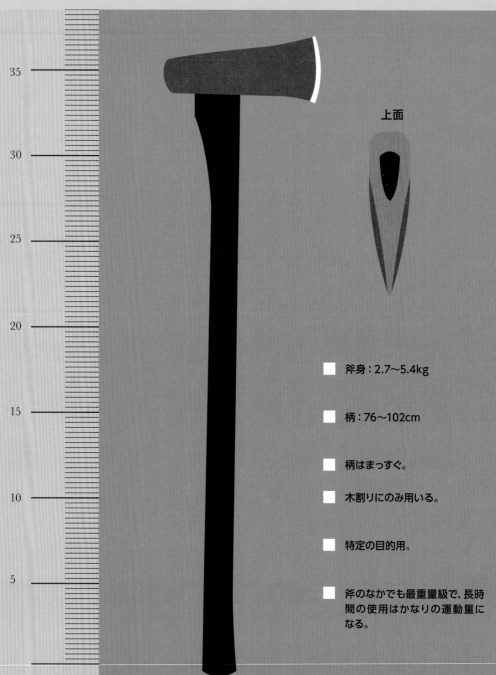

35

30

25

20

15

10

5

上面

■ 斧身：2.7〜5.4kg

■ 柄：76〜102cm

■ 柄はまっすぐ。

■ 木割りにのみ用いる。

■ 特定の目的用。

■ 斧のなかでも最重量級で、長時間の使用はかなりの運動量になる。

仕様解説：

モールの斧身は通常2.7〜5.4kg。3.6kgが最適で、上から見るとかなり幅広だが、横から見ると幅狭だ。柄はまっすぐで長く、少なくとも90cmはある。モールの斧身にはたいへん凝った作りのものもあり、くぼみ付きや、斧腹のふくらんだもの（実は中のクサビが原因で、別名を「翼」という）、バネ式レバーが付いたものなど様々だ。

背景知識：

木割り用のモールは当初、19世紀後半に「モーリングアックス」として販売された。それ以前は、木割りにクサビや軽量のスプリッティングアックス（木割り斧）が用いられていた。この形状の斧が登場して以来、このモールの威力が刃物市場関係者の想像力をつかんで離さない。20世紀初頭のあるモールには凹型のレバーが付いており、モールが丸太に食い込むとレバーが作動して木材を押し広げることができた。20世紀後半になると、とんでもない重量のモールが売られ出した。現在では、斧身が三角状で6.4kgになるものまで売られている。（ただし試してみたところ、従来の軽量モールよりもかんばしい結果は得られなかった）。

使用方法：

モールは幅広で重く、木材に数cmだけ食い込むようになっている。刺さったあと、モールは木材のなかを下に下にと進みつつ、バリバリと木の繊維を引き裂きながら割り開いていく。普通は丸太を半分や4分の1に割るときにモールを使うわけだが、慣れた人であれば、この破壊力ある斧で丸太から焚き付け用の小割薪も作れる。ただしスプリッティングアックスやフェリングアックスのように多用できるというわけではない。あまりに重くてすぐ疲れてしまうからだ。モールの斧頭は熱処理しておくことが大事で、そうすれば木割り用のクサビ（スプリッティングウェッジ）を叩くことにも使える。

ハチェット（手斧）

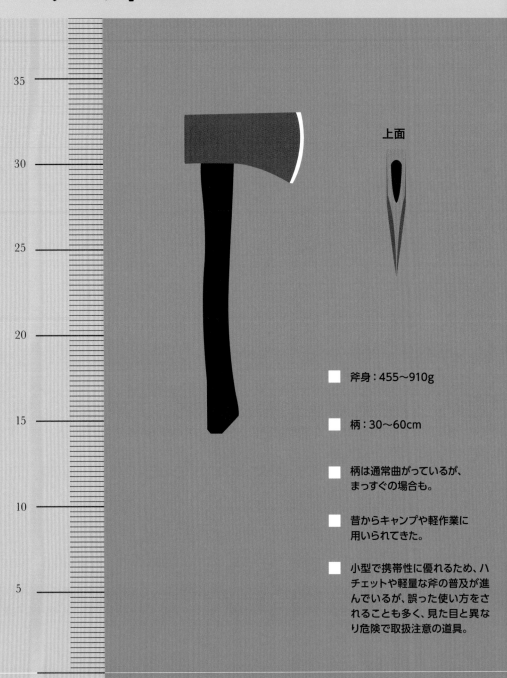

上面

- 斧身：455〜910g

- 柄：30〜60cm

- 柄は通常曲がっているが、
  まっすぐの場合も。

- 昔からキャンプや軽作業に
  用いられてきた。

- 小型で携帯性に優れるため、ハ
  チェットや軽量な斧の普及が進
  んでいるが、誤った使い方をさ
  れることも多く、見た目と異な
  り危険で取扱注意の道具。

インチ

仕様解説：

ハチェット（手斧）は、片手使用が前提の小型で軽量の斧。重量455〜910gの斧身と、30〜60cmの曲がった柄に注目。

背景知識：

ハチェット（手斧）については、来歴が錯綜している。ヨーロッパにはハチェットに関する形跡があまりない。新世界では、毛皮などの貴重品との交換に用いられる「トレードアックス」の大きな市場があったという。私見ながら、ハチェットの勃興にはボーイスカウトが関わっていると考える。彼らにとってハチェットは、アウトドアを象徴する道具のひとつで、スカウトのベルトに固定されていることも多い。増えつつあるサバイバルやブッシュクラフトを趣味とする人たちには、ハチェットという道具の必要性はますます高まっており、その需要から様々に派手で凝ったデザインが新しく生まれてきているが、そのほとんどがただの見かけ倒しだ。

使用方法：

森林内の移動や、焚き付け用の小割薪をつくるには最適で、鋭利なものなら枝打ちや枝払いにも適している。うまく割れるのはかなりやわらかい木材だけなので、丸太や堅い薪には使わないほうがいい。小柄のハチェットはかなり危険な道具なので要注意。個人的にはダブルビットの斧よりも危険だと思う。大きなスープ用おたまみたいな柄を手に持ち、頭上からゆっくりと弧を描きつつ、腕を伸ばしたまま目の前に下ろすこと。振り下ろした切っ先が最後に当たるところにも気をつけよう。柄の長いフェリングアックスなら振り下ろす先は地面になるが、ハチェットだとそのまま下ろした場合、おそらく膝頭か太ももに突き刺さる。手斧を使うときは足を大きく開くか、不安なら膝をつくといいだろう。

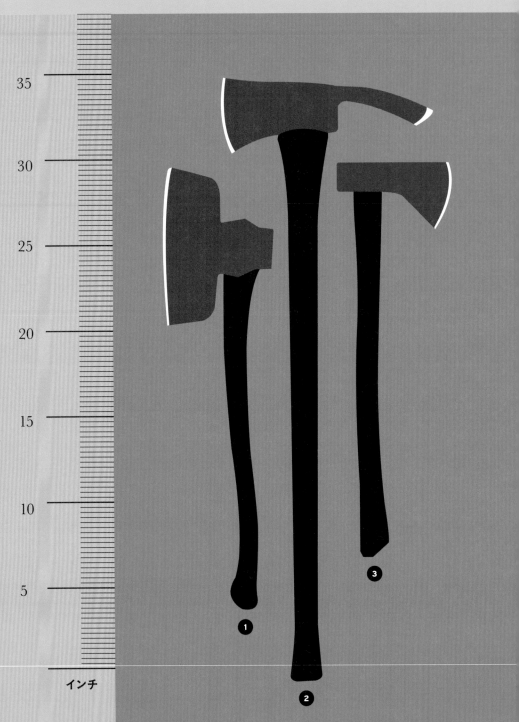

インチ

ブロードアックス❶：

ブロードアックスは戦斧の一種にも見えるが、実際には丸太を四角く切って建築木材をつくるという、少々品のある作業をするためのもの。

プラスキ❷：

プラスキはダブルビットの一種で、片方は通常の斧刃、その反対側には横向きになったような「クロスビット」という刃がついている。その刃は、除草のほか、防火帯用の浅い溝掘りに用いられる。プラスキに見た目が近い斧でも、実際には「アンダーカッター／チェーンソーアックス」と呼ばれるものもあり、こちらは（プラスキよりも幅狭の）クロスビットを使って、木の伐採時にノコギリで作った木のクサビを引っこ抜くためのものだ。

ハドソンベイ❸：

アメリカ先住民との交易に用いられた初期の斧の流れを汲むハドソンベイ型の斧は、歴史的にはいろんなものを指す用語だが、現在一般的には、トマホークにも似た910g（2ポンド）の三角状の斧身があり、あご（斧腹から斧頭にかけての部分）の部分が深く引っ込んでいる中型の斧として知られている。斧としては手頃な部類に入るが、扱いはデリケートだ。木と鉄の接触面が少ないため、柄へ力を入れすぎると斧身が緩んでしまいやすい。

カービングアックス：

カービングアックスは木工用に設計された小型の道具で、顔となる刃部分が縦に長い曲面になっており、さらに1本のまっすぐなベベルがある。

キャンプアックス：

キャンプアックスは軽量の実用的な斧で、収納も簡単なため持ち運びしやすい。「ボーイズアックス」として販売されることもある。

クルーザーアックス：

個人的にもお気に入りのタイプが、このクルーザーアックス。小さく軽いダブルビットの斧で、そもそもは森林踏査していた「クルーザー」と呼ばれる木こりが用いていたという由来がある。その作業中にこの斧で、木に「ブレイズ」という目印をつけていた。めずらしい部類の斧。

斧身の形状

　19世紀に販売された斧の形状は300以上あり、ここからも察せられる通り、加熱した競争と小細工合戦が、アメリカの斧産業の最初期100年ほどの大きな特徴となっている。20世紀に入ると、その数は50種類ほどに落ち着いた。次ページからその形状をいろいろと見ていこう。ここに掲げたのは、ダブルビット（双刃斧）とフェリングアックス（伐採斧）の例で、若干の統一感があることもわかるだろう（とはいえ、もちろん斧身の寸法に少しでも差があれば、切れ味も大きく変わってくる）。それどころか、たとえばノースカロライナとケンタッキーのように、ほとんど見分けがつかない形状もあったりする。ここで今回の解説を、これまでに鍛造されたあらゆる斧身の形状に広げてしまうと、想像もつかないほどさまざまな種類をご覧に入れることになってしまう。翼が生えたかのような幅広の斧（確かにかつてはグースウィングという形状もあった）、危険なくらいに刃渡りの長いアイスアックス、刃がまったくの円形である鍛造パンケーキとでも言うような風変わりなターフアックスなど。さらには、大工・造船用の斧（シングルアックス、ポストホールアックス、マストメーカーズアックス、モーティシングアックス）、樽づくり用の斧（クーパーズアックス）、針葉樹の幹を削って樹脂を採取するための斧（ターペンタインアックス）などもある。

寸法と重量

シングルビット

斧身の重量は1.2kg〜3.6kgのあいだでさまざまだが、1.4kg〜2.7kgが最も一般的。大した重量ではないって？その重量のほとんどが、細くて軽いヒッコリー材の先端に集中するとなると、かなりの重さに感じられるものだ。

ダブルビット

斧身の重量は1.4kg〜2.7kgのあいだでさまざまだが、1.6kg〜2kgが最も一般的。太平洋岸北西部型のフェリングアックスの斧身には、長さが38cmもあり、全長107〜122cmの柄に据えられているものもある。

ダブルビット
（双刃／諸刃）

ピュージェットサウンド

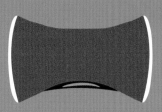

ピーリング

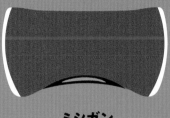

ミシガン

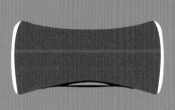

スワンピング

メインウェッジ

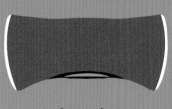

ウエスタン

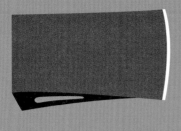

メインウェッジ

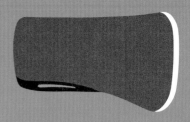

ミシガン

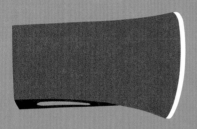

デイトン

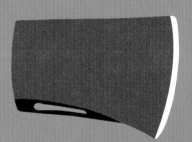

コネティカット

ナローウィスコンシン

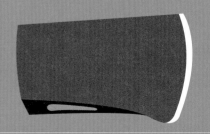

ニューイングランド

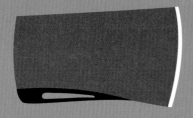

ロングアイランド

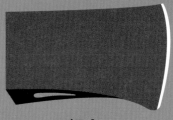

デラウェア

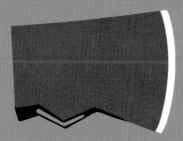

ボルティモアジャージー

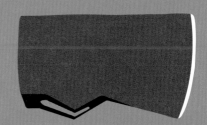

ケンタッキー

**斧へり付き
シングルビット**

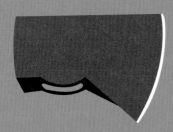

ロッカウェイ

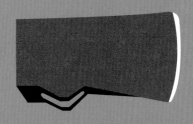

ノースカロライナ

ダブルビット
（両面突起）

スウェルノブ
（こぶ状握り）

スクロールノブ
（巻物状握り）

フォーンズ・フット
（子鹿の足）

ハリーの法則（自分に合う斧のサイズの見極め方）

斧はけっして「フリーサイズ」の道具ではない。斧が自分になじむかどうかは、時間をかけて確認しよう。初心者の抱きがちな誤解として、「大きいほど良い」というものがあるが、これはまったく的外れだ。私の知るなかでも最高クラスの木こりの匠にも、あえて細身の柄をつけたあからさまに小ぶりの斧を用いる人がいる。自分に合う斧のサイズの見極め方に、ニューハンプシャー州の3代目の木こりハリー・プラウティから教わったものがある。斧を持ち上げて、柄の先端を脇の下に当てる。その状態で腕を伸ばしたまま、刃先の上部を指でつまんだとき、楽に持てることが大事なのだ、と。最初の斧はあまりしっくり来ないかもしれないが、いろんな斧を試し続けて、常に自分の使用目的やスタミナ・体格に斧を合わせるよう心がけることだ。「ハリーの法則」以外の次善の策は、ひたすら斧を使うこと。というのも、使うほどにその斧がなじむかどうかわかってくるからだ。自然となじむようなら、かなり直感的にその斧が振れるだろうし、使うのも楽しくなってきて、いちばんよく手に取るものとなるだろう。

柄の形

　アメリカの農場を訪れると、今でも納屋の扉やガレージの壁に、斧の柄の輪郭が型紙のように描かれてあるのをお目にかかれる。かつて斧は柄のない状態で販売されており、斧を新調したときには、使い手の責任で柄をこしらえ、形を整えて据え付けなければならなかった。現在では新品の斧を購入すると、たいていは付属の柄があるわけだが、だからといって、ドローナイフ（銑）や仕上げサンダーを使って、形を整えてはいけないということではない。

セオドア・ルーズヴェルト大統領とその手斧、1905年ごろ
提供：議会図書館

大統領の斧

リンカーンといえば、斧を手にした大統領というイメージが強い。確かにリンカーンは20代初めまで、丸太のフェンス作りや森の仕事などで毎日のようにそうした道具を使っていたし、4.5kgのブロードアックスを所持していたことでも有名だ。ただしリンカーンは、政治家になってからは斧の使用をやめてしまう。しかし逆に、選挙に出るようになってから斧を使い始めた大統領がいる。セオドア・ルーズヴェルトだ。

副大統領時代、ルーズヴェルトは長い議会休会中に、友人のウィリアム・ハワード・タフトに宛てて、こんなふうに書き送ったことがある。「口にするのが恥ずかしいが……やっていることといえばただ、細君と一緒に乗馬したりボートを漕いだり、子どもたちと散歩したり遊んだり、それから午後には木を切ったり、夜には薪を焚いて本を読んだり、それだけなのだ」。

自虐的な書きぶりだが、当人はまったく恥ずかしいとは思っていなかった。むしろ自分の過ごし方にこれ以上無いほどの誇りがあった。ルーズヴェルトがニューヨーク州知事に就任して数ヵ月後、『レディーズ・ホーム・ジャーナル』誌の記者が彼のもとを訪ねた際、この人物がヒッコリーの木をたたき切っていたのはおそらく偶然ではない。記者はこう書いている。

> その場にたどり着く前から、響く斧の打撃音が雪の降るなか聞こえていたし、そのためこの新知事がまっすぐただ誠実に木を切っていることがありありとわかった。斧の一撃一撃に伴う腹の底からの「ふん!」という全力の声は、その十分す

ぎる裏付けになった。

ルーズヴェルトの人となりが雑誌で紹介されるときにはたいてい、斧を使うシーンが含まれていた。1906年の『マクルーアズ』誌では、「大統領は自分の所有する森の手入れをし、木切れが飛ぶのを見たり、斧の鋭い音を聞いたりするのが何よりも大好きなのだ」と絶賛されている。

キング・アックス社のジョン・キングは、1902年にメイン州ウォーターヴィルに選挙遊説にやってきたルーズヴェルトに、36cmのハンティングナイフが柄に仕込まれた重量910gの斧をルーズベルトに贈っている。列車が駅から出発する際、ルーズヴェルトはその小さな斧を頭上で観衆に振って見せた。それこそこの人物のシンボルだったのだ。(もちろん贈り主のキングにも強力なシンボルだった。大統領印のハンティングアックスはたちまち大量生産され、今でもオークションなどで当時のものが見つかる)

斧は、ルーズヴェルトという人物のイメージの延長線上にあり、(任期中に国立公園制度が創設されたこともあって)その大統領職の象徴であり、文字通りその国を築き上げた労働・技術の力と実用性を示すシンボルだった。

こうした視点から、現在において斧への関心も世間で高まってきている。もちろん動力工具を使えば、もっと早く仕事もできるだろう。だが私たちが斧を使うのは、この道具なら穏やかに効率よい仕事ができるからで、チェーンソーや薪割り機ではとても叶わない、野外の自然と自分との結びつきをつくるためなのだ。斧が誠実な響きを鋭く轟かせるのは、ルーズヴェルトの時代も現代も変わりがない。

3. 良い斧に 必要なものとは？

　これまでに振るったなかでも最上級の斧とは、気持ちよさがあふれ出て止まらないという実効たっぷりの道具のことだ。1〜10までの気持ちよさメーター（10が最高）があるとしたら、9か10になる斧を振るべきである。8以下のものには手を出さないこと。高価な斧だから気持ちがいいはず……などとは思い込まないように。経験上、最上級の斧でも（一式込みで）30ドル以下のものがあった。だがその点は後ほど説明しよう。薪を割ったり野外で過ごしたりする時間は神聖なものだから、その時間を尊重するためにも、使っていて気持ちいい斧に投資することだ。

　良い斧を手にすると、自信や落ち着き、快感がその身にあふれてくる。こうした実効のあるもの、自分の気に入ったもの、意味のあるもの、自分が使いたいものを周りに置くことが大事なのだと思う。1日の終わりに、人生最高のものを握ると、ただしっくりなじむ、これが「自分の持ち物」という感覚なのだ。

良い斧を
持てば自信が
あふれる

　もちろん、良くない斧を手にした瞬間は、もっと気づきやすい。刃の欠けや、柄の割れは、すぐに難なく見分けられるだろう。ささいな点にも気を配ることには意味がある。あからさまな問題が見当たらなくても、何かがおかしいと感じたら、やはりおかしいのだ。斧の購入時には、たくさん質問をするといい。その答えに納得いかなかったり、残念なことにまともな答えが返ってこなかったりするなら、即断せず斧探しはそのまま続けたほうがいい。良い斧を見つけるのは簡単ではないかもしれないが、時間をかければいい結果がそのうちやってくる（そうして探すのも楽しみのひとつだ）。

鋭利な斧よりもなまくらな斧のほうが鍛造は容易だ。なまくらな斧の鍛造には技術も手間暇もそこまで必要ないからだ。斧が鋭利ならば、おそらく（必ずではないが）製造者が刃ばかりか、その道具のどの箇所にも最後まで気を抜かなかったことが期待できる。理論上は、低品質な鋼で鍛造されても、斧身の整形と刃先の角度が適切であれば、高品質な鋼で鍛造された低劣な整形と角度の斧よりも、優れているわけだ。ただし刃先が低劣でも、たいていは改善可能だということも留意しておいてほしい（147ページ参照）。

木目の向き

柄の木目の向きに注目してみよう。製造者の真価を強く物語る箇所だ。斧を手にして、柄の底を自分側に向けて構えれば、木目の向きが刃の向きと平行（もしくは一直線）になっているかどうかがわかるはずだ。製造者が木目をつくるわけではないのだが、適切な木材を選んで斧身を据え付け、あらゆる向きが揃っていることを確認する責任がある。ただ、ルールにも例外があることを忘れないように。木目の向きは、主に大型の斧（71cm以上）に適用されるもので、正しい向きになっていても製造ミスでたまたまそうなっただけということもある。

**すみずみまで
検討が必要**

斧とは、細い木の棒に鋼鉄の塊を取り付けたものだ。確かにシンプルな道具だ。しかし斧の完成までには、気の遠くなるような工程がある。刃先が鋭くても、木目が揃っていても、柄穴に隙間があったり、斧身が柄にしっかり据えられていなかったりすれば、問題が出てくる。斧の構造が比較的単純だからといって、惑わされてはいけない。斧の製造にはすみずみまでの検討が必要で、それを評価して購入するのがこちらの仕事だ。

**ヒッコリー材か
トネリコ材が○、
プラスチックは✕**

素材として斧の柄は、アメリカ・アパラチア地域のヒッコリー材か、プラスチック製が一般的だ。1〜10までの気持ちよさのメーターに立ち返れば、プラスチック製の柄は1以下である。振っても痛いだけで、点検維持もできないから、何としても避けたいものだ（98ページ参照）。たまたまトネリコ材でできた柄を見つけても、不安がらないように。そもそも野球のバットを作る素材だから、今はあまり見かけず時代遅れではあるが、選択肢としてはまったく問題ない。

鋼はその性質上、木材ほどたやすくは見極められない。新品の斧であれば、メーカーや小売店は、検討材料となる鋼材の生産地や銘柄を示しているはずだ。その情報をどうするかはこちら次第だが、少なくともあるにはある。知る限りほとんどの斧は、アメリカ産やヨーロッパ産の鋼材で鍛造されているが、何とか（硬度計を持っていない）他人にもその違いを説明してみよう。おそらくヨーロッパ産の斧の鋼材は、斧身の形状も含めてヨーロッパのやわらかめの木材に合わせて作られている。ただし筆者の振るうヨーロッパ製の斧は、密度の高いアメリカ産のサトウカエデ材やブラックチェリー材にもよくなじむ。古い斧には、その斧の製造元を示す印があるかもしれない（鋼製とは限らないが）。新旧を問わず、高炭素鋼で鍛造された斧がオススメだ（72ページ参照）。（たとえば1950年以前の）古い斧の鋼の成分については情報がごく限られているが、一説によれば、当時の鍛造業や鍛造技術のほうがむしろ高度であり、鋼の純度も高かった（つまりリサイクルされていなかった）ため、新しい斧の鋼よりも優れているとも言われている。この「古いものは新しいものより優れている」という説は都合のいい話だが、筆者の知る限りでは話半分に過ぎない。

　筆者が所有してきた最上級の斧の数々が、気持ちよさ10点で鑑賞度も10点だったのは、単なる偶然ではない。切れ味や木目の向きと同様に、斧のプロポーションやシルエット、それから形状とラインをも考慮する必要がある。製造者がこの1個の道具にどれだけの思いを込めているか？　その斧が自分に語りかけてくるものはあるか？　あるなら、その語るものとは何か？　それは自分が稼いだ金を手放すのに十分な理由か？　斧は衝動買いに向く品ではないので、最後の踏ん切りには時間をかけよう。

良い斧に必要なものとは？

木目の向き	71cm以上の斧の場合、木目が刃と平行になっているかを確認すること（右ページ参照）。
鋭い刃先	鋭い切れ味は、効率性と安全性の証拠で、必要な時間をかけて工具製造が行われていることがよくわかる。
ぐらつかない斧身	斧身と柄の接合部に少しでもゆるみがないか、柄穴に隙間がないかを確認すること。
良質な素材	炭素鋼とアメリカ産の木目がまっすぐなヒッコリー材が前提。
熟練の製造者	ノーブランドの斧ほどひどいものはない。製造元のロゴマークは名誉の印。自分の斧を誰が作ったのか確認すること。
完璧な調整	斧を縦に見下ろしたとき、斧身の面と柄の向きが髪の毛1本分もずれてはならない。
バランス	この点は、両手で斧を持たない限り評価できない。斧身が重すぎになっていないかどうか。
フィット感と仕上げ	斧のようなシンプルな道具では、ひとつひとつの細部が重要だ。その1本をよく吟味し、満足できない場合は別の選択肢も求めよう。

最善　　　　　まあまあ　　　　よくない

木目の向き

約71cm以上の斧を検討する際には、柄を縦にして底を見ること。木口は、斧の中心軸に対して垂直ではなく、斧身の面の向きと揃っていなければならない（木目の確認は柄の底がいちばんよくわかる）。

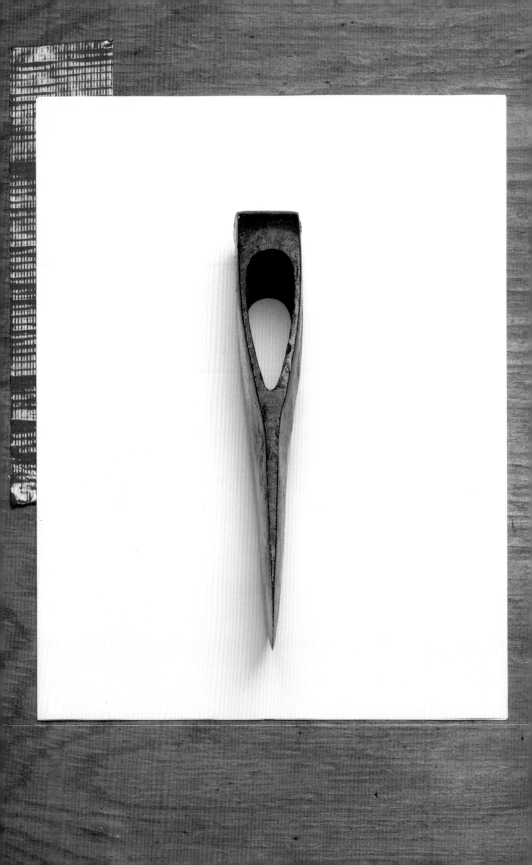

4. 斧身の科学

　Best Madeのレストア講座では毎回、生徒たちのヤスリが刃に触れるまでの数秒間、ちょっとした緊迫感があったのを覚えている。自分にとって初めての斧で、刃がきれいに機械加工されているのに、台無しにしてしまうのではないかというのは、誰だって抱き得る恐怖だろう。わかる。斧身はかなり威圧感のあるものだ。だからこそ、斧身の仕組みを内側からも外側からも知ることが必要なのだ——冷たく鋭利な重い鋼鉄の塊が、個性的で（あえて言えば）魂のこもった道具になっていく過程を知るためにも。

　斧は人間が持って振り回す道具なので、斧身の重量はまさしく重要だ。スプリッティングアックス＆モールは2.7〜5.4kgの重さがあるが、数コード分の薪割りをするのに何百回も持ったり下ろしたりすると考えると、かなり重いと言えるだろう。4.5kgのフェリングアックスなら信じられないほどの威力が発揮されるが、平均的な人間がそのような斧を正確に、または効率よく振るえることを期待するのはちょっと無理がある。通常のフェリングアックスや汎用の斧の重量は1.2〜1.8kgで、これだといろんなスイングや疲れない割り方、十分な威力がうまく発揮できる範囲になってくる。斧が重いほど木材がうまく割れるわけではなく、自分に合ったものがベストな斧なのだ（57ページ参照）。

適切な重量

　斧身が対象物に当たる際、最初に相互作用が起こるのは刃先だ。刃先が鋭ければ、木の繊維に食い込み、斧のエネルギーをねらい通

**自分の斧は
いつも鋭利に**

り、切り口にじかに叩き込める。なまくらな刃先だと、斧は対象の木材をかすめるだけで、斧腹が木の表面に当たって、その反響が柄に伝わってくることだってある。鋭利な刃は切り裂くが、なまくらな刃は引き破る。それは斧をどうしたいか、木をどうしたいかという意識の差でもある。当てたにもかかわらず刺さり損ねて逸れると、斧はそのまま地面に、あるいは（最悪）自分のブーツに刺さってしまうかもしれない。鋭利な刃こそ安全な刃で、鋭利な刃ならいつでも効率よく働いてくれる、という事実は口酸っぱく言っておきたい。鋼の刃先を顕微鏡で見ると、かなり丁寧に研ぎ上げた刃であっても、完全に均一ではなく、微細なギザギザが続いていることがわかる（70ページ参照）。このギザギザの根元には、長々とした傷があちこちにあるわけだが、これは研ぎの過程で最小限に抑えられる。刃がなまくらになると、この傷の凸凹が激しくなり、繊維を切り裂くのではなく、繊維を引き破るようになる。要するに、刃は研ぐほどに長持ちして性能もよくなる。ただし、どんな持ち主でも、こだわりを持って研ぐとはいえ完成度には限度がある。

とはいえ鋭利すぎてもいけない

　刃先の目安としては、いちばん細いところで薄さがゼロに近く、刃の用途に合った形状になっていることだ。凹型のまっすぐなカミソリほど鋭利な刃物はなく、切る力は何にも負けない。とはいえ、カミソリのような薄さで斧をデザインしたところで、おそらく1回打っただけで砕けてしまう。先が鋭利でありながら、繰り返し打っても耐えられる肉厚の刃を作るため、斧は凸型※に面取りされて研がれる。こうすると、ほかの形状よりも対象に当たる鋼の部分が大きくなりつつも、鋭い刃先を保つことができる。ただし、ほとんどのナイフと同様、斧の刃はV字型に研磨されるのが通例で、ダブルベベル（両刃）とも呼ばれている。ところが特殊なカービングアックスは、日本の包丁などと同じく、シングルベベル（片刃）で研がれている（右ページ参照）。凸面の研ぎ方をマスターするのは難しいが、そのメンテナンスの練習をする価値はある。凸面の形状になっていれば、過酷な使用にも耐えられる上に、ほかの形状よりも刃が長持ちするのだ。

鋭い刃の働き

　刃がターゲットに深く食い込むと、斧腹が木の内側と接触する。そ

　※コンベックス・グラインド。日本ではその断面形状から蛤刃（はまぐりば）と呼ぶ

刃先の形状と仕組み

凸面の刃先
（コンベックス・グラインド／蛤刃）

そのほかの刃先の形状

両面傾斜／両刃

強度はあるが、凸面よりも低効率。

片面傾斜／片刃

特殊なカービングアックスに多い。

凹面（ホローグラインド）

強度がなく不適切。避けること。

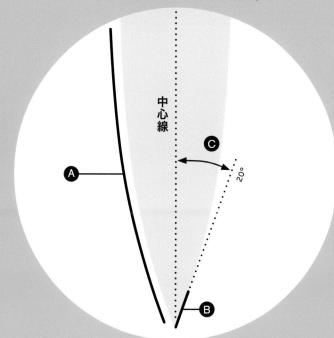

中心線

A

B

C

20°

凸面の刃先の拡大断面図

この形状の刃先が、強度と効率のバランスを考えるとベストだ。ほぼ全部の斧でオススメできる刃先だ。凸面の刃先における最大の特徴は、両刃のように、両面にきっちり角度のついた刃が別々にあるということではない点だ。どちらかというと弾丸に近い形状で、凸面の刃先の角度は、刃先と斧腹のあいだでシームレスに変化していく。刃先としての厚みは、先の部分（4分の1インチのところ）の角度を測って決める。木割りと伐採に用いる汎用の斧では、20°がちょうどいい角度だ。伐採専用の斧ならもう少し薄く、木割り専用の斧ならもう少し厚くしてもいいだろう。

A 刃先と斧腹のあいだの移行部分は、なめらかでゆるやかな曲線であること。

B まっすぐ平らな面がないため、角度は刃先1/4インチのところで測定する必要がある。

C 20°は汎用の角度。フェリングアックスなら15°でもOK。カービングアックスは最大30°まで可能。

100倍に拡大した刃先

なまくら

鋭利

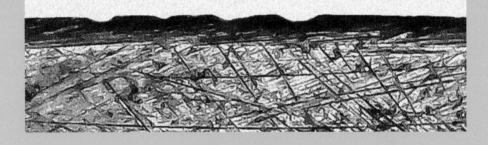

切れ味抜群

の斧腹の幅と角度によって、木材の裂かれるかたちも決まってくる。斧腹が薄いクサビ状なら、切り込む深さは大きくなるが、木の繊維を裂こうとする外向きの力は小さくなってくる。かたや幅広のクサビ状になっていると、外向きの力が大きくなる反面、その外向きの力を十分発揮するには、込める力がもっとたくさん必要になってくる。これは、フェリングアックスとスプリッティングアックス＆モールの形状差の説明にもなっている。フェリングアックスは薄めで、生木に深く切り込みつつ、木片が飛び散るように設計されており、重量も1.4〜1.8kgと扱いやすくなっている。薪割りには対応しやすいが、行けるだろうと思い込んで大きな丸太のど真ん中をねらってしまうと、入りはするが引っかかって、なかなか取れなくなってしまう。斧が入り込むと木が引っかかってしまう現象に対応するため、フェリングアックスの斧腹にはわずかな凹みが一応あるのだが、丸太に刺さった頑固な斧身を抜き取ろうと、苦心した経験のある人は多いだろう。

　スプリッティングアックス＆モールの斧腹は、さらに分厚いクサビになっていることが多いが、ここからも、そのままの丸太を原木から次々と割るのが目的だとわかる。モールはまっすぐ振ったり正確に当てたりしなくてもよく、ただ上げて下ろすだけで、重い斧身と広い刃先がしっかり仕事をしてくれる。とはいえ、モールにも鋭い刃は必要だ。

　シングルビットの斧の後部は斧頭と呼ばれる。この斧頭は単なる付け足しではなく、柄と斧身との接着全体にとって大きな意味のあるもので、また目標重量を達成するため、道具メーカーによってサイズが決められている。フェリングアックスの斧頭は、ふつう硬化されていないので、ハンマー代わりに使ったり、ほかの鋼製道具などでそこを叩いたりしてはいけない。斧頭や柄穴が変形したり、最悪、傷が残って見た目も悪くなって斧が台無しになったりしかねない。慎重に見極めた上でなら、金属製でない伐採用クサビを叩いたり、丸太を適切な位置に動かしたりする用途で、斧頭を使うのもいいだろう。良質のスプリッティングアックス＆モールは、斧頭も硬化されて杭も打てる形状になっているため、鋼鉄製のクサビも叩き込める。消防士用のプラスキにあるトゲや、大工用のハチェット（手斧）にある面が凸凹のハンマーのように、職種に応じた斧には専用の斧頭がある。

斧頭の働き

ダブルビット　　　歴史上、ダブルビットの斧がその汎用性・耐久性・正確性から木こりたちに選ばれてきたが、ダブルビットこそが万能の斧になる、というわけではない。ダブルビットが選ばれた裏には、1日のあいだに伐採できた木で稼げる金が決まる木こりたちの、できるだけ長時間、鋭利な刃のまま使いたい、できるだけ研ぐ時間を少なくしたい、という考えがあった。ダブルビットなら、1本分の斧の重量で2枚も鋭利な刃が使える上に、メインの鋭利な刃1枚に加えて、もう1枚を節切りや根切りといった荒仕事をあえてさせずに予備の刃として残しておく、ということもできる。斧身が左右対称だと重量バランスもいいため、もっと正確な打ち込みが可能になって、まっすぐな柄もゆがみによる誤差が少なくなってくる。ダブルビットはプロには最高の道具かもしれないが、実用の斧としては最高のものではない。ダブルビットはそもそも危険性の高いもので、森林踏査中にカバーも付けずに持ち運ぶのは安全面からよろしくないし、薪の周りに転がしておくだけでも事故が起こりかねない。

鋼の組成　　　現代の斧身はいずれも鋼材から作り上げられているので、その素材の反応や性質を理解しておく必要がある。鋼鉄とは、簡単に言えば、少量の炭素を含む鉄のことだ。炭素含有量が0.1%変化するだけで、鋼の特性は劇的に変化するため、しばしばこの炭素含有量が、鋼の種類を示す主要な指標となる。アメリカ鉄鋼協会（AISI）の分類では、低炭素鋼が0.05～0.30%、中炭素鋼が0.30～0.60%、高炭素鋼が0.60～1.00%となっている。鋳鉄になる前の鋼には、最大で2.1%の炭素が含まれている。普通鋼が含むのは、鉄・炭素・硫黄・マンガンだけである。硫黄は不純物としてあらゆる鋼に含まれているので、マンガンを加えて、硫黄のせいで脆くなるのを相殺している。合金鋼は、目的に応じて特性を調整するために少なくとも1種類の元素を添加したもので、たとえばクロムとモリブデンが添加されるとステンレス鋼となる。斧には高炭素鋼や中炭素鋼が使われることが多いが、これは鋭い切れ味を得るための硬度と、硬材を切ったときにも折れにくい靭性（じんせい）のバランスが取れているからである。北欧の斧はアメリカ製よりも硬度が高いと言われているが、これは主にヨーロッパ産の軟材に用いられるため、そこまでの靭性を必要としないからだ。

鋼の硬度は金属の変形しにくさ、靭性は鋼の壊れにくさを表す。炭素含有量が多いほど鋼は硬くなり、鋼が硬くなるほど靭性は低くなる。硬い鋼の刃先は長持ちする反面、鋼材そのものは脆く欠けやすくなる。鋼は、高温(約800°C)に加熱してから、油や水に浸けて急冷することで硬化される。この焼き入れを施した時点では、ガラスと同じで、硬くはあるが脆くもあるという状態だ。工房の床に落とせば粉々になるだろう。次に、低温(400℃前後)で加熱して焼き戻しを行う。焼き戻しを入れることで、鋼の内部の結晶構造のひずみが緩和され、硬度が本来の範囲に戻る。適切な温度を適切な時間のあいだ維持できないと刃がダメになり、熱処理プロセスがやり直しになる。刃物鋼の硬度は、HRC(ロックウェル硬さCスケール)という単位で表されることが多い。硬度の標準尺度は、きわめて硬い器具を一定の重量負荷で対象となる鋼の表面に押し込んで測定される。鋼の表面に残る跡の直径ないし深さが、硬度の値に変換される。HRCスケールでは、円錐形のダイヤモンドビットに約150kgの荷重をかけて使用し、刃の硬度の値は通常40HRCから65HRCのあいだとなる。やわらかめの鋼にはHRBスケールが用いられ、表面硬化した鋼の測定にはHRAスケールが使用される。斧のHRCは50台前半から半ばで測定されることが多く、鋭利な刺身包丁のHRCは60を超える。

　上質な斧の鋼材は刃先部分のみ焼き入れされ、斧身後部はゆっくりと冷やすことで、そこまでの硬度を持たないようにする。その結果、刃先の必要な部分だけに硬化した鋼となり、斧腹や柄穴・斧頭の周辺は比較的やわらかく丈夫な鋼となっている。合金成分は、刃先の鋼の硬化をぐっと深くするが、道具の寿命にも関わってくる。刃を研ぐと鋼が削られ、研ぎの回数が限界を超えると、硬くなった鋼もやわらかくなってしまう。とはいえ、研ぎまくる人や大きな欠けを何度も直すような人を除く一般ユーザにとっては、この寿命も十分長いものなので安心してほしい。

　斧身の成型には鍛造が最適だ。ハンマーで叩いて圧縮することで、より緊密で均一な粒状構造が得られるからである。鉄や炭素の原子が最小単位の結晶格子を形成しているように、結晶も自然に粒を形

成して大きな固体を構成している。斧の製造は、熟練の鍛造職人が、オープンダイ（金型）方式ないしクローズドダイ方式のドロップ鍛造（ドロップフォージング）で行うのが一般的である。オープンダイ鍛造では、大型の機械式ドロップハンマーの下で、高温の鋼を金型に置く。鍛造職人がハンマーを放すと、熱した鋼が金型にぶつかり押し付けられ、ねらった通りの斧のかたちになるというわけだ。これを一連の金型で繰り返し、斧を鍛造していく。クローズドダイ鍛造では、一度の落としで斧身をクッキー型のように成型して出せるため、芸術性や勘はさほど要求されない。どちらの場合も、鍛造による結晶構造の変化が鋼の強度に大きく影響する。粒子が細かく均一であるほど、原子の結晶構造への負担が少なくなり、鋼に弱い部分や割れやすいラインができにくくなる。適切な熱処理によっても粒径は小さくできるが、そのためには鋼を素早く加熱し、必要な温度を最小限の時間で保ち、均一かつ急速に焼き入れを行わなければならない。

炭素鋼と
ステンレス鋼の
比較

　鋼の化学的配合は、その目的に応じて調整される。いわゆる普通炭素鋼は、加工しやすく研ぎやすい上に、刃の持ちがよいため経済的だ。ただし手入れをしないとたちまちサビてしまう。ステンレス鋼は、クロムとモリブデンを添加したもので、表面に比較的反応しにくい層を形成し、むき出しの炭素鋼よりも酸化がはるかにゆっくりとなる。サビないわけではないが、メンテナンスの頻度は少なくて済む。そのほかにも、靭性を高めるケイ素、硬度を高めるタングステンとコバルト、粒状構造を整えるバナジウムなどの元素が添加されることがある。ナイフの刃に用いられる鋼の頭文字と数字はそれこそ膨大な種類になるが、斧の鋼は適切な量の炭素を含有しており、刃物鋼として多用される1060と5160が一般的だ。これはおおむね、斧身の鍛造に必要な鋼の量が多いためである。

　できるだけ長持ちさせるには、定期的に鉱油などのにおいのきつくない油を表面に軽く塗っておく必要がある。また鋼製の刃は、ケースやカバーに入れたまま長期保管してはいけない。革製だと、水分を閉じ込めてしまって刃の表面に水が付いてしまう。頻繁に軽くホーニング（研ぎ上げ）を行えば、刃の性能を最大限に保てる上に、長く面倒な研ぎ作業の手間も省ける。

斧の最も
過小評価されている部分

長年にわたって斧を振ってきた筆者だが、その果てに大事な結論にたどり着いた。斧はふつう、斧身が柄にしっかり据えられてこそ、その働きが最大になる、ということだ。その働きの障害になりえる、重要ながらも見落とされがちな部品——それがクサビだ。

市販の柄は、上部に切り込みがあるので、柄を柄穴に固定したあと、すぐにクサビを打ち込める。クサビが木材を柄穴の内側でぐっと押し広げ、木材と鋼がきっちりはまって一体化する。クサビの材料としては、ふつうに買える木の硬材なら何でも構わないが、柄のヒッコリー材の切り口を均一に広げられるだけの密度がなければいけない。

クサビが「絶対に」ゆるんだりしないよう、柄穴内に、直交または少なくとも対角に入る程度の小さな金属製のクサビを補助として打ち込むことが多い。木製のクサビがカーフスロットの幅にぴったり合っていて、適切な長さに切り揃えられていれば、補助のクサビが必要ないほどぐっと締まるわけだが、これは慎重に取付けないといけない（193ページ参照）。

鋼鉄製のクサビを用いると、柄の交換がきわめて難しくなる上に、誤って柄穴内の木まで割ってしまうおそれがある。

柄に適切なオイルを塗ったあとは、クサビと柄の上部はさらに膨らむ。そしてオイルが重合すると木材が硬化するため、柄と斧身を分離させるには柄穴内の木をドリルで開ける必要が出てくる。

5. 製造

　斧に絡むこととなれば何でも、どうにも「古いもの」のように思われがちだ。古代の技術と古代の素材が組み合わさって、古代の道具が出来上がっている、とでも言うように。だからこそ本書執筆にあたっては、新しい人のことを語りたいと思うに至った。

　このときぱっと思い浮かんだのが、リーアム・ホフマンのことだった。ノースカロライナ州ブルーリッジ山脈にあるへんぴな田舎道で、（新旧の機械で埋め尽くされた）昔ながらの鍛造業を営んでいる人物だ。リーアムが鍛造を始めたのは、イーグルスカウトのバッジ取得に励んでいた13歳のときだった。そして14歳の誕生日に、両親からブレーキドラムの小さな鍛造機をプレゼントされる。20代前半にはもう10年のキャリアを積んでいた彼は、ヒストリーチャンネルの鍛造コンテスト番組『フォージド・イン・ファイア』で最年少の優勝者となった。現在、リーアムは社長として鍛造会社を繁盛させていて、その斧の購入は数年待ちだという。

　リーアムとその仲間5名（全革製品のデザインと制作を担当する母親のカレンを含む）は、私も初めて見る技術と工程で、ほかには真似の出来ない斧を作っている。この短い写真集セクションで紹介するのは、何世紀にもわたって続けられた斧の製造方法と、その技術に若き鍛造職人がもたらした変化の実情である。

斧身 斧の鍛造には、一般的にオープンダイ方式とクローズドダイ方式の2種類がある。ホフマン社の行っているオープンダイ（金型）方式は、向かい合うダイと呼ばれる金型で素材を（完全に閉じきらずに）挟み、鋼片を成型するものだ。この方式では形状の制約がなく、制御と芸術性の余地が高まるため、1本1本の斧の仕上がりがユニークになり、製造者の手に委ねられるものとなる。一方でクローズドダイ方式は、大量生産に適したクッキー型のようなもので、鋼材を金型で一気に挟んで斧の形に打ち抜くものだ。ホフマンは、まず4140鋼のビレット（鋼片）をプロパンで燃やした炉で1093℃（2000℉）まで加熱す

る。そして一式のオープンダイ金型を用いて斧の形状を整えていくのだが、そのあいだ、柄穴が崩れないよう手動でドリフト（整孔器具）を差し入れていく。そののち、鋼の熱いうちにメーカーのロゴマークを刻印する。素早く作業を終えると、ホフマンはトングで熱した鋼片をつかみ（左ページ）、プレス機とパワーハンマーで打ち付けると、斧は次第に形になっていく（上図）。斧の製造技術は、可鍛性の鋼の扱いづらさと、油圧プレスの怪力とのあいだの、難しい調整がうまくできるかどうかだ。偉大な芸術家然としたホフマンは、いとも簡単にやってみせてくれた。

成型 1930年代製造のロッシュボー＆ジョーダン社のパンチプレスは、斧の成型と刃の平滑化に使用されている。油圧プレスを用いて、鋼片の中心にドリフト（整孔器具）を挿し込み、斧の柄穴を形成する。

研削 オープンダイ方式では、余分な鋼を取り除くために研削がしばしば必要になる。研削で整形してから熱処理を行う。ホフマンは、斧（斧頭を含む）をひとつずつ炉で赤めたのち、特製のオイルで急冷し、鋼を硬化させる「焼き入れ」作業を行う。それから再び炉に入れてゆっくりと再加熱することで、斧の「焼き戻し」作業を行うわけだ。

研磨 何でも自給自足するホフマン社は、トングや多くの鍛冶用具、鍛造機用の特注金型、それから鍛造に必要なもののほとんどを自前で鍛造している。この図では、特注の治具を使いながらウィルモント社のベルトグラインダーでカービングアックスの刃先を研いでいる。

柄 ホフマン社の柄の製作工房には、倣（なら）い旋盤（上図）がいちばん目立つかたちで奥の壁際に置かれている。木目の上質なものを厳選した上で、ヒッコリー材の未加工品4本を旋盤に固定し、柄を荒く削り出していく。76cmの帯ノコを用いながら、ホフマンは柄の上部にクサビを受けるカーフスロットを切り込む。柄もそうだが、ましてやクサビも自前で作る斧製造業者など少ない。右ページは、ホフマン社で用いるクルミ材のクサビのディテールだ。斧の柄穴の広がりとぴったりフィットするように、端が丸くなっている。クサビを斧に合わせて成形し、さらに柄を柄穴に合わせて成形し、木工用接着剤を少々塗ったのち、12トンのアーバープレスで丁寧に押し込み、外れないようにしっかりとはめ込む。ホフマン社では、どの工程でも手を抜かない。最後の工程は、革製のブレードガードを作ることだ。ホフマンは、腕利きのアーティスト兼職人である母親のカレンと協力して、ホフマン社のブレードガード全部を、手で切り縫いし、リベットで留めて仕上げている。

左図：テネシー州ラウドンにあるテネシー・ヒッコリー・ハンドルズの工場で、ヤスリがけと仕上げが施されている木の棒。

6. 柄の科学

　斧を振るう際、柄を握ることになる。時には命がけだ。この細長い木の棒は、高速で動く鋭利な鋼の板に対する命綱・アクセル・ブレーキ・ハンドルいずれでもある。前章で見た通り、斧身は冷たくも神秘的で複雑な代物だ。だが柄はそれよりもいろんな意味で身近であり、暖かく有機的で具体性のある代物だ。刃の切れ味を保つ話をさまざましたが、やはり柄とつながっていることも見失ってはいけない。自分が握ってしっくり来る斧だけを使うことだ。もしそのためにドローナイフ（銑）やヤスリが入り用になってくるなら、それで調整するといい。

柄の形状と長さ

　柄の全長は、手斧の20cm（ネアンデルタール人の斧とちょうど区別可能なくらい）から、アメリカ西部で樹齢のある巨木を切り倒すのに使われた木こり用のダブルビットの斧の102cm以上まで、それこそ幅広いものである。汎用の斧の柄はだいたい70〜90cmの範囲に収まり、キャンプ用の斧は携帯用に短めだ。柄の素材はヒッコリー材が理想だが（理由は96ページ参照）、トネリコ材などの耐久性のある硬材が用いられることもある。

　近年はシングルビットの斧の柄は曲線を描くものが多く、ダブルビットの斧の柄は必ずまっすぐだ。柄は斧身に近い肩の部分が太くなっていて、柄と刃をしっかりとかみ合わせて、衝撃のいちばん強く

かかるところに強度を持たせている。シングルビットでも、曲線を描く柄よりもまっすぐの柄のほうが正確性も高まると考える向きがあるが、これは個人の好みの問題だろう。柄が曲線になった斧を手にとって、直感で遠くのターゲットにねらいを定めてみよう。その次に、柄のまっすぐな斧で同じことをしてみること。どちらが感覚として自然かを確かめて、その自分の判断に従うといい。

まっすぐvs曲線

　　まっすぐな柄のほうが安価な場合もあるし、もしイチから柄を自作する場合にも、割り木から簡単に制作可能だ。しかも木目で割った柄はたいてい、ただノコギリで製材されただけの柄よりも強度がある。なぜなら割り木というのは、自然な木目に沿って切断されているからだ。ノコギリは木のもともとの性質を無視して、木の強度が働かない任意のラインで切ってしまうので、木目とずれてしまう。柄の根元（柄尻）にある握り突起は、使う人の手に斧をしっかりと固定し、手からすっぽ抜けるのを防ぐ役割がある。年代物の柄は子鹿の足のような尖った形状をしていることがあるが、現代の斧はどれも先端が平らか、回り込むようにふくらんでいる。「子鹿の足」は触り心地もよく、作りやすいのだが、破損しやすく、柄の取り付けの際にも邪魔になる。先が回り込むようにふくらんで、底が平らになっている握りは、硬いハンマーでも打ち込みやすい理想的な底面になっている。

斧はひとつのシステム

　　多くのメーカーがそうであるように、柄に関しては細いよりも太いほうがいいと考えているかもしれないが、それは大きな誤解だ。斧とは木と鋼の聖なる結婚であり、全体がひとつのシステムなのだと考えること。モールでもない限り、ほとんどの斧の柄穴は実際にたいへん細いものなので、柄をこれ以上太くしたところでどうしようもない。負荷や抵抗は斧身から伝わるので、斧の出来（良し悪し）は斧身と柄がうまくはまっているかどうかに大きく左右される。継ぎ目に隙間がないほど、システム全体がよくなる。柄が太いと、斧の小さな柄穴に入れる部分だけ細くすることになり、そのためそこだけが大きさの変化が急になって、折れやすくなってしまう。柄は柄穴に自然にはまって伸びてくるのがちょうどいいのだ。昔の斧メーカーは大半がこの点をわかっていて、並外れて細い柄を取り扱っていた。

新しい柄を据える際には、品質のいいものを選ぶことが重要だ。まっすぐな木目がはっきりついている木材がよい。柄の全長にわたって木目がしっかり平行についていればついているほどなおよい。また柄の底を見たとき、木口の木目は中心軸に対して垂直であるよりも、むしろ斧身の向きと一致していないといけない。木目が柄を文字通り輪切りにしていたり、途中で方向が変わっていたり（ランアウト）すると、そのラインで折れてしまう。考えるべきは薪割りであって、斧割りではないのだ。湾曲した柄のなかで、木目が柄の全長にまっすぐ伸びているものを見つけるというのは結構難しい。工場生産の柄では曲線を作らずに旋盤で削り出すので、まっすぐな柄の形状がやや有利になってくる。

節があると、密度の高いその節まわりで木目がゆがんで、斧のシステム全体の弱点になってしまう。節は、木が新しい枝を生やそうとしたもののうまくいかず、そのあと健康な幹が成長して、もともと枝が生えだしていたところを飲み込むと、そこにできることになる。その枝の名残が、力強い木目の縦の流れを乱す上に、枯れ枝となって抜け落ちてしまうとその場所に空洞さえできてしまう。木目がなめらかに続いた曲線というよりも、節の部分でいきなりたわんでいたりすると、柄はかなり折れやすくなる。また、木目が密すぎるのもオススメできない。小枝の束と太い枝の束の強度の差をイメージしてみるといい。どちらも束としての強度はあっても、小枝よりも太枝の方が強烈な衝撃を受けても折れにくいはずだ。

まっすぐの木目がはっきりついた2本の柄からどちらかを選ぶ場合、木目のあいだの身が多い柄を取ること。心材と辺材の両方が含まれている柄も一部あって、それは木のコントラストがくっきり変化していることから見分けられる。辺材は色が薄く、木としては若く「生きている」年輪部分で、心材は色が濃く、維管束系がもう機能しなくなった木の古い芯の部分だ。アメリカ農務省林産研究所は、心材と辺材のあいだに強度の差はないと判断しており、両者の移行部分を含んでいても、柄の寿命に影響はないとしている。心材か辺材か、あるいは両方の入っている柄を選ぶのか、これは美的な好みの問題だ。

テネシー州ラウドンにあるテネシー・ヒッコリー・ハンドルズの工場で、地元産のアパラチアン・ヒッコリーの木材から切り出される柄。

アマニ油　　柄は人工乾燥させた木材から作られるが、木材は水分量の変化によって収縮や膨張を繰り返す。木の柄を裸のまま放置しておくと、急激に収縮して斧身がゆるんでしまう危険性もある。柄の形状を安定させ、耐久性も高めるためには、乾性油を塗るか浸しておく必要がある。この用途には、アマニ油に硬化促進の添加剤を入れたボイル油が最適だ。キリ油やくるみ油を使ってもいいが、そちらを選ぶとホームセンターで買えるアマニ油よりもかなり高価になる。そのままのアマニ油でも同じような効果は得られるが、硬化に時間がかかる。硬化の仕組みとしては、まず木材が乾性油を吸収し、酸化重合するとだんだん固まりながら硬化していくので、実質的に木材の繊維に「ふた」がされて、膨張収縮の原因となる水分が吸収できなくなる、というわけだ。表面に層も形成されるので、柄全体の耐候性が向上しつつも、グリップ力を低下させるほどツルツルにはならない。柄にオイルを塗る際は、斧身を油に浸して柄が自然とオイルを内側に吸収できるようにするか、ブラシや布きれで表面にオイルを塗って木が油を吸収しきるまで何度も塗り重ねるか、どちらを行ってもいい。複数の斧を集めてレストアしたりするつもりなら、斧を（全身または斧身だけ）一晩浸せるようアマニ油を樽で買いたくなってくるかもしれない。いずれにしても、油を吸収する主な場所となる木口（斧の頂部と底部）には、常に注意を払っておこう。また、斧の保管場所にも配慮が必要だ。斧を暖炉のマントルピースに立てかけておくと絵になるかもしれないが、常識で考えると、火からの熱がずっと当たるわけだから柄が乾燥してしまうとわかるはずだ。子どもの頃、斧身のゆるんだ斧を一晩、水に浸したりしたが、これは最悪の発想だった。確かに水のおかげで斧の柄穴のなかで柄が膨張して、一時的に安心できるが、たちまち乾くと柄がさらに縮んでしまい、斧身がもっとゆるんで危険性も高まってしまう。それどころか、おまけにサビもついてしまう。

　　最後にアマニ油に関して注意を1点。アマニ油に触れた雑巾やペーパータオルなどは、適切に処分することが重要だ。放っておくと自然発火する可能性がかなりある（228ページ参照）。

柄の誕生。テネシー州ラウドンにあるテネシー・ヒッコリー・ハンドルズの工場では、棚に並んだ木材を前に、昔ながらの旋盤を使って1本1本成形している。

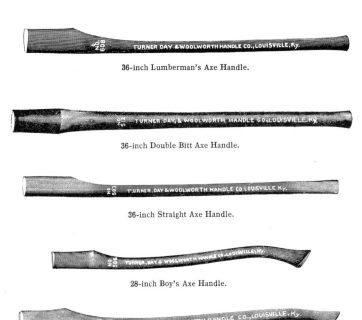

36-inch Lumberman's Axe Handle.

36-inch Double Bitt Axe Handle.

36-inch Straight Axe Handle.

28-inch Boy's Axe Handle.

36-inch Single Bitt Axe Handle.

HICKORY AXE HANDLES.
Oval, Plain Ends.

ヒッコリー材が選ばれる理由

アーカンソー州、テネシー州、ミズーリ州などのアパラチア地方の森林でその大半が産出されるアメリカン・ヒッコリー材を使った柄が、世界中のほとんどの斧で用いられている。弾性係数（弾性率）とは、材料の変形・破損前に、どれだけのたわみ・ひずみに耐えられるかを示す指標で、一般的には木材の構造強度の判定に用いられるものだ。縦目にしたアメリカ産ヒッコリー材は、硬材のなかで弾性係数が最も高く、そのため剛性と強度が高くなっている。ただし忘れないでほしいのが、木材は木目や材質の方向で強度特性が変わってくるという点だ。ヒッコリー材の工具柄の場合、木目が力のかかる方向と平行になっていることも同様に重要なのだ。斧の柄として次善の木材はアッシュ材だろう。日本ではオーク（ナラ）材を使うこともあるが、柾目のヒッコリーに勝るものはない。

ターナー・デイ&ウールワース・ハンドル社のカタログ、1926年。

　ホームセンターなどで市販されている斧は、ふつう柄にワニスが塗られているが、これはよくないオプションだ。ワニスは木材を完全密閉するので耐久性には優れているが、ワニス表面の粘着性のために、たちまち手にいっぱいマメができてしまう。また、時間が経つとワニスも色あせてしまって、つやつや感はどうにもなくなってくる。それとは別に、柄の根元近くが帯状に小さくペイントされていると、森林内で倒木のところに戻るときや、薪の山の裏に置き忘れた斧を探す際にも、斧の位置がわかりやすくなって役立つ。

木材とプラスチックの比較テスト

ニューヨーク州立大学ニューパルツ校の実験室で、エンジニアリングプログラム科の助教授であるジャレド・ネルソンに会ったとき、筆者は6本のピカピカで新品の斧を手にしていた。3本はプラスチック製、3本は木製（ヒッコリー材）と、斧の違いは、柄の部分だけだった。今回の目的は、斧における木の柄とプラスチックの柄の違いを客観的に理解することだ。ジャレドと筆者は、150キロのニュートンプレス（卓上プレス機）を使って斧の耐久試験を行った（右図）。もっと時間と資源があれば、斧の固定用に特注の器具を作り、6本どころか100本の斧をテストしていただろう。とはいえ今回のやり方でも、それなりにいい結果が出た。

試験結果

無破損性（木製）

3つの木製サンプルのうち、ひとつの木製サンプルの木目構造がよく（まっすぐ）、ほかの木製サンプルよりもはるかに優れた結果になった。これは、木製柄の木目の向きが重要であることの証明である。プラスチック製の柄については、（予想通り）性能は安定したものだった（つまり、どの柄もまったく同じ内部構造である）。

快適性

静的荷重に加えて、柄の動的応答もテストした。どの柄にも周期的な負荷をかけ、一定のたわみを持たせてから無負荷にする。この動的応答によりヒステリシスループが生まれ、復帰時の荷重が最大たわみの時点までの荷重よりも小さくなった（そのエネルギーは復帰時に斧へ蓄積される）。幸い、木製柄のほうがループも大きかったので、プラスチック製の斧よりも振動の減衰性が高いことがわかった。つまり、プラスチック製の斧のほうが、打ち込むときの柄に伝わる振動の名残が大きい（＝木製のほうが快適）という筆者の持論を証明するものだ。

強度

いちばん成績のいい木製斧でも、どのプラスチック製の斧よりも低い荷重で破損したが、にもかかわらず、（破損前には）どのプラスチック製の斧よりも高い強度と剛性があった。わかりにくいようだが、爪楊枝とプラスチック製ストローの曲がり具合の違いを想像してみてほしい。

結論 ・ 試験回数はもっと増やせるとは思うが、そのときまではとりあえず、木のほうがプラスチックよりも圧倒的に優れているとの確信が持てそうだ。

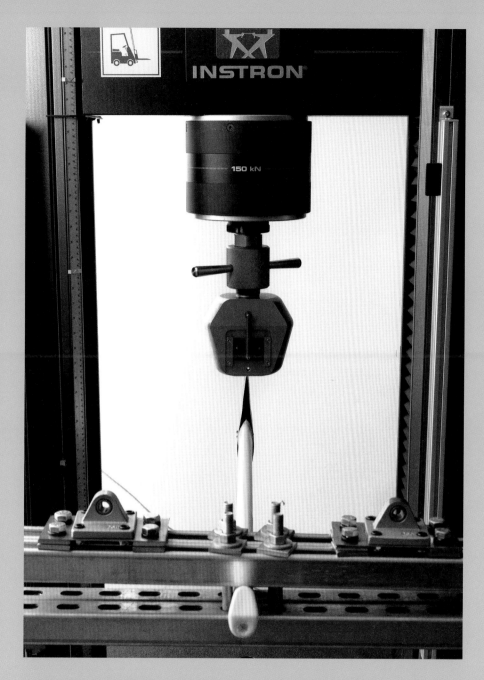

斧には、一端だけが固定された静的試験が行われ（上図）、荷重は斧身にかけられる。斧身が丸太に当たる際の動的な荷重をできるだけ再現するために、柄の端は拘束してある。それぞれの斧には、最大で600〜850ニュートンの静的な力を加えた。これは人間がかけられる力をはるかに超えるものだ。

7. 斧振りの科学

　斧を思った通りに扱うのは、一見たやすく見える。ターゲットに向
かって斧を振って、一撃当たると、その対象がバキっとなる。伐採も
枝払いも木挽きも薪割りも、どれもバキッとすることに変わりはない
わけだが、理想となる一撃を喰らわすためのスイングは、個別のやり
方が求められる。斧振りの練習段階では、全力で振らないといけな
いのだと考えがちだ。しかし経験を積めば、その思い込みも間違いだ
とわかって、もっと自然なスイングができるようになる。さらに驚くべ
きことだが、落ち着けば落ち着くほど、効率よくターゲットに斧が当た
る頻度も高くなってくるのだ。そうすればピンと来る。斧は自分次第
で、かなりの働きをしてくれるし、そのようにすべきなのだ、と。

　斧は本質として、加速用のてこだと言える。かつてアルキメデスが
「地球さえも動かせる」と豪語したてこの一般的な原理は、作用点（持
ち上げられたり動かされたりするもの）と力点（反対側を押し下げるも
の）のあいだに支点を置くというものだ。てこを使えば作業が楽にな
り、ふつう体だけでは無理なくらい重いものも持ち上げられる。ただ
し加速用のてこは様子が変わってくる。支点と作用点のあいだに力点
を作るのだ[※]。つまり斧を振るう際、自分の腕の先から斧身で殴りつ
けるときよりも、多くのエネルギーを活用できることになる。この点か

加速用のてこ

※いわゆる第3種てこ

ら強調されるのは、使う者の筋力や体力に合わせた適切な重さの斧刃にすることの重要性だ。とはいえ、斧身の当たるスピードが速くなるほど、威力も大きくなり、結果として効果も上がる。

斧振りに
慣れること

　ただし、「素速く」と「速すぎる」のあいだには、必ず絶妙なラインがあることも忘れないように。動かさない手を柄の底部に添えて、動かす手を柄肩のそばに置くと、斧身の重みさえ何とかできれば斧を頭上まで持ち上げられるし、動かす手を下にすべらせて、動かさない手の方へと付けようとしながら、斧を前へと振るえば、ターゲットへ威力抜群に斧を当てられる。下ろしている最中に柄へと加わるあらゆるエネルギーが、重力だけで生まれる終端速度をはるかに超えて、斧身を加速させるのだ（167ページ参照）。

いつも鋭利に
保つこと

　斧が当たるとき、動いている斧身の運動エネルギーが、刃の裂く作用に伝達される。ここであらためて、鋭利な刃先の重要性を強調しておきたい。鋭利な刃は、スイングの威力をそのまま切り口に伝えて食い込む（斧のねらいが正しければの話だが）。刃がなまくらだとうまく食い込まず、木目のために斧の威力が意図しない方向に逸れてしまう可能性がある。さらに悪いのが、なまくら刃のためにまったく刺さらず、振り下ろされた斧の威力が地面やブーツ、あるいは何もない空間に伝わってしまうこともあることだ。斧の動きを止めるために余分なエネルギーを使わねばならず、1日が長く感じられて楽しめなくなるかもしれない。薪割りは木目に沿って割ること、伐採や枝払いの際は木目を切断することが斧を当てる目的だ。いずれの場合も、コントロールと正確性が肝心なのだ。同じポイントをねらったり同じ振り方をしたりして反復練習をするうち、斧が思い通り動くようになるばかりか、必要なことを筋肉に覚え込ませることができる。斧とは、効率とエネルギーの両面がうまく発揮できるよう設計された一種のシンプルなメカニズムなのだと思えばいい。しっかりねらいを外さず、いつも鋭利な刃に保っておけば、斧のデザインは最大効率を繰り出す。木目を断ち切る場合、なまくらな刃だと、切るというよりも叩きつぶすという感じになって、せっかく当てたエネルギーもなくなって、木片が飛び散るだけになってしまう。

薪割りは、黙々とした繰り返し作業になるため、いつものことだからと気が緩んでしまう危険性がある。だからこそ、安全面に配慮したコツが必要になってくる。薪割りに適した場所とは、平らな地面の中央に大きく丈夫な丸太を置いた状態のことだ。丸太の表面は地面とほぼ平行にして、ターゲットとなる木材を楽に立てられるようにしておくこと。斧を持ったままつまずくと大変なので、ときどき飛び散った木片などもきれいに片付けて、地面に障害物のないようにすること。斧を振りかぶったときをイメージしながら、振ったときに引っかかってしまいそうな低い位置の枝や、雨どい、小屋の屋根などがないかも要確認だ。もし邪魔になるものが近くにあるなら、振り方を変えるのではなく、障害物か自分の位置を調整すること。振り始めてしまうと、斧で切ることに熱中して、障害物があることなんてたちまち忘れてしまうからだ。

ターゲットまでの距離の目測が甘いと、位置がずれて刃末や刃元で打ってしまう危険性がある。奥をねらいすぎて刃元を当ててしまうのはよくあるミスで、たいていはこわごわ斧を振った結果なのだが、さらに柄肩までもが目標に当たってしまったりすることも多い。この打ち損じはオーバーストライクとも言い、ただ下手くそな跡が残るだけでなく、柄が折れてしまうこともあって、そうなると柄の付け替え方を勉強するいい機会になってしまうというわけだ。斧刃のなかには、オーバーストライクでダメージをいちばん受けやすい柄の部分を鋼製のネックガードで覆った構造のものもある。ただしガードがあると、柄を付ける作業がかなり面倒になるので、それこそ下手なフォームで打てなくなる。オーバーストライクが発生した場合には、柄全体に長く縦の亀裂が走っていないか確認すること。あると、そのうち取り返しのつかない破損が起こってしまう。柄肩の部分は耐久性があって、多少のミスには持ちこたえられるが、オーバーストライクだけはどうしても耐えきれないのだ。

ねらいが手前にずれて刃先を当てるのはもっと悪い状態で、あいだを遮るものもたちまちなくなって、そのまま斧が地面やブーツに向かってくることにもなりかねない。地面に突き刺されば、自慢の斧の欠けを直すために、何時間もかけてヤスリをかけたり研ぎ直したりす

る羽目にもなる。ブーツに当たれば、もうその日は作業どころではない。

事前に予測する

　木材を切ったり割ったりする際、毎回あらゆる結果を予期するのは不可能だ。だからこそ事前に予測を立て、次のステップをしっかりイメージしておく必要がある。不安なときには、筆者はまず薪割り台の上でゆっくりと予行演習をして、自分の斧がどこに向かっているのか、何が邪魔なのかを100％確認する。斧を振っている最中に、一見無害な小枝や蔓に引っかかってしまうと、予想外の大ダメージを受けることだってあるのだ。

忠実な斧

　斧は、よく訓練された犬だと考えればいい。忠実な犬は、こちらの入力、つまり「命令」にしっかり応じてくれるが、手に負えない犬は危険をもたらす。言うことを聞いてくれるようになるまでには、じっくりとしつけて訓練しないといけないように、斧にも手入れと維持と練習が必要だ。練習すれば筋肉がその動きを覚えてくれて、薪割りも自転車に乗ったり縄跳びをしたりするのと同じように、自然な感覚となる。斧を振ること、やり方通りのテクニックを磨くこと、そして斧を清潔・鋭利に保つことに時間をかければかけるほど、斧がこちらに牙を向ける可能性は低くなってくる。

速度を出したり力を込めたりするよりも、正確さを身につけることが大事。思っているほど強く振る必要はない。斧は正確に扱うほど切れ味がよくなるということを、たえず念頭に置くように。

斧の振り方

斧を振る先に、張り出した枝や障害物がないようにすること。

上に来る手はゆるく持ち、柄の上から下へすべらせる。下に来る手はかたく固定し、斧を振る際の支点とすること。

手首を固定してはいけない。手首にスナップをきかせて、斧の動きを加速させ、当てるときにしなりをうまく加えること。

斧を振り上げた瞬間から、視線は目標に合わせること。斧を下ろすときには、目標のなかに入れるだけでなく、最後まで切り裂くイメージで。

肩は直角水平を保つこと。

筋肉に覚え込ませる

効率よく薪割りができるようになるためには、練習と反復が重要だ。人類最古の道具である斧を振ることは、人間のDNAに組み込まれている。その筋肉の記憶を活用するのだ。

前もって予測する

自分の振り方とその軌道を頭のなかでイメージすること。必要であれば、実際の斧の軌道をトレースする。そのスイングは毎回、自分の意図通りのところに当てるべきだが、必ずしもうまく行くとは限らないと自覚しておくこと。

膝を少し曲げておくこと。

足を開いて姿勢を安定させること。足元の状況も把握せよ。

適切なブーツを履くこと。

スイングはまっすぐに、そして斧は下向きのストロークでこの幅内に入れること。

さて、緑の装いで私が登場だ
斧とノコギリを交差させ
朝から晩まで木の伐採
このひどい戦争に勝つために
もう1年、それ以上になるか
それこそ私の人生だ
平和の鐘が鳴り響くまでは
立ち上がれ、WTC

『仲間よ集まれ：婦人農耕部隊
材木隊の記録』(1944年) に掲
載された「WTCのうた」より。

WTCのうた

　この女性たちは、公式には「婦人材木隊（WTC）」として招集されたことで知られている人々だ。イギリス政府が、徴兵制のために人員減少した木材産業に新たな労働力を供給しようと設立した文民組織である（戦時中の国家にとって、木材はたいへん重要な資源だった。建物や航空機の資材となり、石炭生産時の坑道支柱などの重要な素材にもなるからだ）。　ただし、かつては（いまだに）「ランバージルズ」（挽材娘たち）のあだ名で呼ばれている。

　木を伐採して丸太にし、それを必要な場所まで、時には肩に担いで運んでいくという、男性に代わってまったく同じ仕事を果たしていたことを考えると、妙に性差を意識しすぎた言葉だと思う。

　現存しているランバージルズの写真を見ると、運搬や伐採、枝払いや製材をする女性たちの笑顔が映っている。しかし、女性たちのほとんどは10代の若者であり、初めて田舎に行った人も多かった。大勢の人たちにとっては、生まれ育った都市や街が敵に狙われているなかで、入隊することは野原や森といった慣れない土地に疎開するようなものなのだが、そこでまた別の危険と出くわす羽目になった。その笑顔もいくらかは本物だろうが、撮影者がカメラを置いた途端に笑顔が消えてしまった人も同じくらいいることだろう。

　この女性たちは男の森林労働者が行うあらゆる作業に取り組んだ。測量、伐採、枝払い、木挽き、運搬。そして寒さに風雨など、男の労働者が耐え忍ぶあらゆる過酷な環境にも耐えた。指や手足を失うこともあった（野外と製材所のどちらでも）。さらには倒木で命を落とした者たちもいた。

　1943〜46年にかけて、8,500人もの女性がこのプログラムに参加した。生き残った隊員は、高さ30mの松の伐採を学んだことや、森の林冠から最上部の枝が落ち、その幹が大地に叩きつけられる光景に驚嘆したことなどを、誇らしげに語っている。名著『ランバージルズ—イギリスの忘れ去られた部隊』でジョアンナ・フォートは、元材木隊員たちの思い出話を数多く紹介しているが、そのなかにペギー・コンウェイの入隊初日の話がある。

　　朝8時、私はそこにいました。……そこへ後側の開いた貨車がやってきて、荒々しい顔をした男たちが続々と下りてきました。斧やクロスカットソーを手にフェンスを乗り越え、やかましく悪態をついていました。育ちのいいメソジストの女の子には、ちょっとしたショックでした！

この一節でわかるのは、写真からは想像できないが、決して「女性だけ」の仕事ではなかったということだ。この女性たちは男性たちとともに働くこともあり、同僚として、おおむね同じ扱いをされたのだった。

8. 木材の科学

　個人的にお気に入りのことわざとして、「木は斧が忘れることも覚えている」というものがある。きわめてわかりやすい……これ以上の言葉などないほどだ。座右にしたい名言である。暖炉で明るくきれいに燃えている薪と、その大元となる木との間には、どうしても断絶が生じがちだ。本章は、そのつながりを表に出した上で、木の取り扱い能力を向上させ、斧を上手に使えるようになるための、簡にして要を得た必須入門編として構成されたものである。

　蘚類や苔類のあとに進化したあらゆる植物（つまりシダ植物・球果植物・顕花植物など）には、維管束系がある。セコイアデンドロンが91m以上ものはるかな高みに達するのは、主にこの維管束系のおかげだ。植物にも人間と同様2種類の管があるが、静脈と動脈のように血液を送る方向が異なるのではなく、植物の維管束は役割が別々なのだ[※]。

維管束系

　その2種とは、木部と師部だ。木部は、（水分を吸収する）根から（水分を光合成に使う）葉へと、一方通行で水を運ぶ[導管のこと]。師部は、光合成でできた糖分を、葉から植物内の必要な場所に、方向も関係なく移動させる[師管のこと]。樹木の木材になる部分はこの木部が円筒形の幹として束になったもので、かたや師部は堅い外皮

※日本の理科では、維管束植物はシダ植物・被子植物・裸子植物で説明するのが一般的

層の下、つまり樹皮の内側に形成されている。だから樹皮を剥ぐ「環状剥皮」を行うと、維管束系が破壊されて樹木がすぐに枯れてしまうのも、納得していただけることと思う。

心材、辺材、形成層

木の断面を見てみると、いくつか別々の領域に分かれていることが確認できる。中央の色の濃い部分が心材で、芯のある場合もある。この部分は「死んだ」状態であり、維管束系が水分や栄養を運ぶ活動はしていないものの、構造として支え続けている。心材はもともと耐久性があって腐りにくいが、一部の木では芯の部分（木髄）がスポンジのようにやわらかくなっている。色の薄い辺材は、木部がしっかり機能している「生きた」維管束系である。

樹皮と辺材のあいだには、成長中の「形成層」という薄い層がある。ここから樹木は外向きに成長して大きくなり、その結果として年輪ができてくる。外皮である樹皮には師部も含まれていて、病気や侵襲から守る耐久性のある層となっている。各年輪にできる明暗の色の違いは、春〜夏にかけての急速な成長期と、秋〜冬にかけてのゆっくりとした成長期および休眠期の差として現れたものだ。

硬材と軟材

木材はふつう硬材と軟材に区別される。しかしこの名前は誤解を招きかねないものだ。硬材が広葉樹の代名詞で、軟材が針葉樹のことを指すように、その分類は木の実際の硬軟ではなく、木の進化別に定義されている。そのため、いちばん硬い軟材は、いちばんやわらかい硬材よりも、硬いのである。硬材はほとんどが落葉樹だ。一方で軟材は成長が早く製材もしやすいため、経済活動上の用途、とりわけ建築用に使われることが多い。

硬材と軟材の構造は本来の性質からして異なるため、割ったり燃やしたりしたときの反応が違ってくる（114ページ参照）。軟材はふたつのうち進化が早かったため、細長い管状の細胞を持つシンプルな構造になっている。硬材はもっと複雑で、繊維が少なく、細胞配列も不均一で、構造が密になっている。軟材はふつう硬材よりも軽く、密度も低い。構造が単純なので割れやすく、重量も軽いので扱いやすい。硬材は、導管要素のために細胞構造が一様でなく、細胞配列もより密に詰まっているため、割るのがたいへん難しい。ただし、燃やすの

は硬材がうってつけなので、努力したぶんだけ報われる。

　また、軟材は硬材にはない大きな樹脂道がある。マツ材やスギ材は、割って火をつけるのはたやすいが、いい火をおこせるとは言えないのだ。薪として密度が低く樹脂分が多いため、高温で早く燃え、パチパチと音がうるさく爆ぜてしまう。しかも樹脂が燃えると、煙突内にクレオソートがこびりついて、危険な結果を招くおそれもあり、少なくとも頻繁に煙突掃除をしなくてはいけなくなる。

　軟材は火が着きやすいので、焚き付け用に小さく割って、ストーブや暖炉のそばに置いておくと、すばやく火をおこすのに便利だ。軟材は、木材燃料として大量に使うのではなく、火おこしや再点火に用いるのなら優れている。木材として密度の高い硬材は、着火に必要な温度になるまでは時間がかかるが、いったん火が着けば比較的安定した温度で長く燃え続ける。暖房用にも料理用にも、体積あたりの発熱量を考えれば、燃やす薪としては硬材のほうが断然お得だ。

　発生する熱量は、ふつう英熱量（BTU）という単位で測る。これは、1ポンド（455g）の水を1°F（0.56℃）上昇させるのに必要な熱量のことだ。軽く比較するなら、リンゴ材は1コードあたり約2,600万BTU、ストローブマツ材は約1,400万BTUの熱を発することになる（114ページ参照）。

　生材（切り出したばかりの木材）は、いちばん燃えにくく、火に入れると蒸気や煙が大量に出てくる。そのため、薪は最低でも半年以上かけて前もって乾燥させる。

英国熱量単位
（BTU）

　使えるのが生材しかない場合は、木の長辺沿いを削ぐように切り込みをいくつも入れて、端を羽毛状にした「フェザースティック」を作ってもいいだろう。これで表面積が大きくなり、水分の蒸発が促進される。ふつうは木の密度が高いほど乾燥に時間がかかるので、スギ材（シーダー材）で焚き付けを作れば、トネリコ材の薪よりもずっと早く準備ができる。また、丸太の端の部分がいちばん乾燥も早いので、木口に空気が流れるよう薪を積み上げよう。水分の大半はすぐに蒸発するのだが、木の細胞内に閉じ込められた水分は抜けるのにも時間がかかる。木が再び水分を吸収しないよう、薪の山を覆って雨雪から

木材の乾燥

守る必要がある。乾燥期間は気候によって変わってくるが、北方でも春に伐採した木材はその冬には乾燥して燃やせるようになっているはずだ。含水率計（水分計）で測って、水分が20％まで落ちた時点で、薪は燃やすことができる。

火の化学

　　木材は主にセルロースとリグニンで構成されている。セルロースは木材の基本となる分子繊維で、リグニンは天然の接着剤だ。また、油分やタンニンなどの化学物質も含まれており、これがそれぞれの木材に独特の色や香りを添えている。木が燃える際、実際の炎になっているのは木ではなく、木が放出するガスだ。焚き火のかたちを見たとき、木材の周囲から放射状に火が出ずに、上に向かってゆらゆらと炎が出てくるのは、そのためだ。木材は、発火温度である300℃前後に達すると燃え始める。セルロースが熱で分解され始め、熱分解と呼ばれる有機化合物の化学分解の状態となる。セルロースの化学結合が切れると、木材から可燃性のガスが発生する。こうしたガスは、熱と酸素の存在下では自然に燃焼するため、さらに熱が放出されて、もっと多くの木材が燃え、どんどんたくさんのガスが燃焼していくことになる。

　　燃料がある限り火が消えないのは、このプロセスが循環回路になっているからで、焚き火は燃料・空気・熱を奪われない限り、いきなり火が消えることはない。木材は熱分解されると炭化物になる。炭化物はそもそも純粋な炭素で、これが木炭になるわけだ。また、木に含まれるカルシウムや炭酸カリウムなどのミネラル分のうち、燃えなかったものが灰となる。また気体として放出されたが燃焼しなかった分子は、煙と呼ばれる粒子状の雲となる。副次的な化合物がほとんどない炭は、この理由で煙が出ないのだ。煙に含まれる化学物質は有害なものが多いので、暖炉よりも完全燃焼を促す薪ストーブや野外での焚き火が好まれるのはそのためだ。

燃料としての
硬材

　　燃やす木材を正しく選ぶことは、着火できるかどうかと同じくらい重要だ。軟材よりも硬材のほうが最善の選択だとほとんどの人が知っているが、例外もある。たいてい、硬材（落葉広葉樹）は密度が高めの木材で、軟材（常緑針葉樹）のような樹脂分を含んでいない。

物質としての木材は、重さごとの燃焼する熱量に大差はないが、あらゆる木材の燃焼品質がまったく同じというわけではない。密度高めの硬材は火が着きにくく、割るのも大変で、もちろん重量も大きくなるわけだが、燃焼した際1本あたりの熱量が多くなる。木材は通常、重量ではなくコードという単位（体積）で測るので、1本あたりの熱量が多いほうが、メイン燃料としても理想的なのだ。火さえ起こせれば、オーク材やトネリコ材などの硬材が冬を越す支えになってくれるだろう。

　かたや軟材は密度が低めなので、同じ熱量を得るにもさらにたくさんの木材が必要となってくる。燃焼が早く、煙も出やすく、火花も発生しやすいので、（暖炉で燃やすと）屋内の空気が汚れて、煙突内の堆積物も増やしかねない。スギ材やマツ材などの軟材が手に入るなら、火種を作るにはうってつけだ。焚き付け用の小薪にしてストーブのそばに束で置いておけば、毎回焚き付けるときパチパチと元気な音を立ててくれるし、前夜の名残の炭火に再点火することも可能だ。ただし、ヒロハハコヤナギやアメリカヤマナラシといった落葉広葉樹など、たいていの硬材にはある密度やクリーン燃焼性がない硬材もある。一方で、アメリカ西部に豊富な軟材のベイマツは、むしろかなり質よく燃えたりする。世界各地で樹種が異なるように、地域ごとに最適な選択肢があるはずだ。筆者がキャッツキル山地に土地を購入したとき最初にしたことのひとつが、地元で林業をやっている人を雇って、周辺の土地歩きに同行してもらうことだった。このささやかな投資が、個人的には最高のものとなった。その人は、敷地内の木について必要なことはほとんど全部教えてくれたし、木の伐採ばかりか、土地の管理者としての模範も示してくれた。

　火がパチパチというあいだは、煙突から目を離してはいけない。ちゃんと燃え上がるまでは、どんな火でも煙が出るものだが、いったん燃えついてしまえば、煙突から重たい煙が出ることもなく、ほどほどに暖かい火がきれいに燃えてくれる。高品質や良質の硬材なら火が着いても確かに煙は出にくいが、大きな木材のままストーブ内でくすぶらせてしまえば、どんなものでも大量の煙が出てしまう。炉内の温度を上げれば、火の管理もしやすくなり、きれいに燃えるようにな

薪の一覧表

薪の種類	乾燥時の重量(コードあたりのポンド／KG)	コードあたりの熱量(100万英熱量)	薪割りの難易度	煙量
ハンノキ	2540 / 1152	17.5	易	
リンゴ	3888 / 1764	27	中	少量
ビロードトネリコ	2880 / 1306	20	易	少量
アメリカトネリコ	3472 / 1575	24.2	中	少量
アメリカヤマナラシ	2160 / 980	18.2	易	
シナノキ(リンデン)	1984 / 900	13.8	易	中量
ブナノキ	3760 / 1706	27.5	難	
カバノキ	2992 / 1357	20.8	中	中量
トネリコバノカエデ	2632 / 1194	18.3	難	中量
サクラ	2928 / 1328	20.4	易	少量
ヒロハハコヤナギ	2272 / 1031	15.8	易	中量
ハナミズキ	4230 / 1919	高	難	
アメリカニレ	2872 / 1303	20	難	中量
ベイマツ	2970 / 1347	20.7	易	多量
ベイモミ	2104 / 954	14.6	易	中量
エノキ	3048 / 1383	21.2	易	少量
ベイツガ	2700 / 1225	19.3	易	
アメリカサイカチ	3832 / 1738	26.7	易	少量
アメリカカラマツ	3330 / 1510	21.8	易～中	
カエデ(その他)	3680 / 1669	25.5	易	少量
ウラジロサトウカエデ	2752 / 1248	19	中	少量
クワノキ	3712 / 1684	25.8	易	中量
ブルオーク	3768 / 1709	26.2	易	少量
アカガシワ	3528 / 1600	24.6	中	少量
ホワイトオーク	4200 / 1905	29.1	中	少量
ポンデローサマツ	2336 / 1060	16.2	易	中量
ストローブマツ	2250 / 1021	15.9	易	
ピニオンマツ	3000 / 1361	27.1	易	
ポプラ	2080 / 943	低	易	
エンピツビャクシン	2060 / 934	13	易	少量
ベイスギ	2632 / 1194	18.2	中	中量
トウヒ	2240 / 1016	15.5	易	中量
シカモア(スズカケノキ)	2808 / 1274	19.5	難	中量
クログルミ	3192 / 1448	22.2	易	少量

出典：ユタ州立大学、マイケル・クーンズ&トム・シュミット「薪で暖まる：木の特徴と体積」より抜粋。

火の粉	炭	におい	総合品質
ほどほど	良質	かすか	
わずか	良質	かぐわしい	優
わずか	良質	かすか	優
わずか	良質	かすか	優
わずか	良質	かすか	
わずか	低質	よい	可
わずか	優良	よい	
わずか	良質	かすか	可
わずか	低質	かすか	可
わずか	優良	かぐわしい	良
わずか	良質	かすか	可
わずか	並		
わずか	優良	よい	可
わずか	並	かすか	良
わずか	低質	かすか	可
わずか	良質	かすか	良
多量	低質	よい	
わずか	優良	かすか	優
多量	並	かすか	可
わずか	優良	よい	優
わずか	優良	よい	可
多量	優良	よい	優
わずか	優良	よい	優
わずか	優良	よい	優
わずか	優良	よい	優
多量	並	よい	可
ほどほど	低質	よい	
多量			
多量	並	きつい	
多量	低質	かすか	可
多量	低質	かぐわしい	可
多量	低質	かすか	可
わずか	良質	かすか	良
わずか	良質	よい	優

る。薪は必ず乾燥したものを使用すること。薪に含まれた水分が多い
と、内側に残った水分を蒸発させる過程で熱が吸収されてしまい、燃
焼熱に変わってくれないのだ。しかもその結果、煙が出ることになる。
前もって十分に時間をかけて薪をしっかり乾燥させることだ。薪の購
入時には、薪をじかに手に取って水分で重くなっていないか確認した
上で、薪の端に乾燥によるひび割れがあることも見ておこう。そのう
ち、自分の住んでいる地域にどんな薪があるのかとか、自分の好みの
割れ方や燃え方とかが、わかってくることだろう。

薪にまつわる情報

含水率

薪は含水率が20％以下になるまで乾燥させないといけない。測るには、薪・木材用の含水率計／水分計（数千円で購入可能）が必要だ。含水率が20％以上の薪を燃やすのは難しいばかりか、きれいに燃えず、煙突に危険なクレオソートが溜まる原因にもなる。

積み上げ方

手の込んだ方法もあるが（例：ホルツハウゼン式積み方／スイス型・ドーム型）、個人的にはシンプルに積むのが好きだ。まずは薪小屋（薪置き場）に木材を整然と積み上げる。そのあと、木材の山の両端に、何本かの木材を平行に並べて、壁の土台を作る。さらにその上に今度は直交に木材を重ね、さらにこの井桁状の積み方を繰り返していくと、壁ができるわけだ。「野積み」と呼ばれるこのやり方では、この2枚の壁のあいだにどんどん木材を積んでいける。

乾燥

薪の乾燥には6ヵ月から12ヵ月（気候によってはそれ以上）かかるので、事前に計画を立てておこう。個人的には、薪は木を切ったあと早いうちに割る。割りやすいし、早く乾くからだ。

薪の保護

薪の山にはカバーをかけておくが、これで完璧というわけではない。風通しをよくして、湿気を逃がせる場所を確保することが大切だ。薪の山は、風通しがよく日当たりのいい場所に置いておこう。

燃焼

十分に乾燥させた薪は、きれいに燃焼する（煙があまり出ない）。薪ストーブは、暖炉に比べて少なくとも3倍の熱を発する。薪ストーブに限らず、少なくとも年に1度は煙突掃除をしよう。

薪のコード

アメリカで薪は「コード」と呼ばれる単位で販売されている。フェイスコード（「ひと棚」とも）の奥行きの長さは様々で、フルコードよりもざっくりとした尺度となっている。

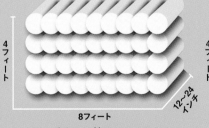

4フィート
8フィート
12～24インチ
フェイスコード（体積はさまざま）

4フィート
8フィート
4フィート
フルコード（128立方フィート）

1インチ＝2.54cm

Buying

斧を買う

スウェーデンのスツールビクにある
ウェッタリングス鍛造所の倉庫内

左図：焼柄と将来の持ち主を待つ割込小斧。日本の
新潟県三条市にある水野製作所が製造したもの。

9. 新品の購入

　理想としては、日がな1日お気に入りの斧職人のところに入り浸り、
斧身が鍛造され焼き入れされ鋭利になっていくのをながめていたい
ものである。そして柄が作られ、斧身に取り付けられるところも見て
いたい。やがて完成したら、職人にピン札を手渡しで支払って、ゆうゆ
うと出て行くのだ。とはいえ現実では、地元のホームセンターまで足
を運ぶか、コンピュータの電源を入れてオンラインで新しい斧を購入
することになるわけだが。

　どこから手に入れるにせよ、注意点がいくつかある。新品の斧を購
入するにあたって、自動的に検討から外れるものがあるのだ。たとえ
ば柄が木以外の材質でできた斧や、柄をエポキシ接着しているよう
な斧だ。

　ファイバーグラスやプラスチックの複合材でできた柄は、交換も不
可能ではないとはいえ、不必要なほど面倒かつ厄介で、打ち込む際の
安心感もヒッコリー材ほどのものがない。小ぶりの斧や手斧では、斧
身と一体化したフルスチール製の柄になっている場合がある。これだ
と打ち込んだときの衝撃が、音叉のように斧身から柄へと伝わって、
振動がじかに骨へと響いてくることになりかねない。

　ほとんどの工具にとってもここ数年の傾向なのだが、斧もやはりメ

**ファイバー
グラス製と
プラスチック製
の柄**

ンテナンスが少なく済むように見えて、実際には全体の手入れが難し
めの道具になっている。とりわけワニス仕上げの柄や、柄穴をエポキ
シ樹脂で埋めている柄の場合がそうだ。ワニスは理にかなっている
ようにも思えるが、柄の摩擦が増えるので振る際にぎこちなさがどう
しても残ってしまう。エポキシを詰めると確かに隙間は埋まって斧身
と柄がしっかりくっつくわけだが、取り除くとなるともはや悪夢である。
このふたつの処理をすれば、ヒッコリー材の棒も風雨に耐えうるよう
になるが、その一方で道具としての使いやすさと性能が落ちてしまい、
せっかくの生分解性素材もまったく有害なものになってしまう。

新品の斧の理想　　　では、理想的な新品の斧とはどのようなもので、どこで手に入るの
か。柄はアメリカ産のヒッコリー材で、アマニ油で軽く仕上げられたも
の。柄の木目は、斧身と平行か、ほぼ平行。短い斧の場合は木目の方
向もさほど重要でないが、確認する価値はある。柄の仕入れ品は工
場で等級付けされているはずだが、たまに不良品が紛れ込むこともあ
るから、節や傷がないか確認すること。

鋼材　　　　　　　鋼材は中炭素〜高炭素鋼で、ドロップハンマーで型打鍛造されて
いるものがオススメ。やはり高性能な工具には、炭素含有量の高いも
のが必要だ。この種の道具の取り扱いには注意と配慮が必要で、1日
がかりで木を切ったあと、濡れたままにしておくとすぐサビてしまう。
木の根元に切り込んでしまうと刃が欠けかねない。鋼材をオープンダ
イ方式で鍛造すると、手作りできる余地が大きくなるため個性的な製
品になる。かたやクローズドダイ方式では、均質・安定の製品として、
できあがりも型どおりのものになりやすい (74ページ参照)。両製法と
も一長一短なので、どちらが優れた鍛造とも言いきれない。自分の
ニーズや予算、個人的な好み次第であり、検討すべき要素もまだたく
さんある。

ピカピカの
新品か黒サビの
ある年代物か　　　究極的には、新品の斧を買うか、中古の斧を買うかという選択肢
になるが、その点はじっくりと考えて判断してほしい。確かに、サビの
浮いた中古よりも、ピカピカの新品のほうが魅力的だというのが普通
だ。次章ではそんな考え方を覆してみるわけだが、その前に、新品の

斧を買うほうが得策である理由とタイミングの話をさせてほしい。

　中古の斧はほとんどの場合、こちらがやらなければならないことが結構多い。手始めとして、おそらく斧に新しい柄を取り付ける必要がある上に、完全なレストアが必要となってくることさえある。そうなると、酢に漬けたり粗目ヤスリでこすったりと、何かと手間暇がかかる。こうした肉体労働にははっきりとしたメリットとデメリットがあるわけで、新品の斧なら箱から出してちょいと整えてやればすぐに使えるが、中古の斧なら何しろ骨折り仕事なのだ。中古の斧の販売側も、ほとんどが古い斧について無知だし、知識があってもそのぶんの追加料金がかかってくる。新品購入時には、たとえばこんな大事な質問をする機会もある。その斧の製造元は？　鋼材の種類は何か？　鋼材はどこ産か？　保証の中身は？　ただしこうした問いを、中古斧の販売側に聞いたところで答えは返ってこない。やはり新品購入には、カスタマーサービスなどの継続的な特典があり、疑問があったときにも誰かに相談しやすいという利点もある。新品の斧の購入には、今では素晴らしいオプションが増えてきているし、また筆者お気に入りのメーカーの多くは小規模だから、ユーザ側から支えていくことも必要だ。

　さて（何千本もの斧を売ってきた男から）斧の購入時の注意点だ。オンラインで購入する場合は、こわがらずに電話で注文し、実際に倉庫に入って実物の斧を手に取れるかどうか確認してみよう。そして自分の希望を正確に（丁寧な言葉で）伝えること。たとえば、できるだけまっすぐな木目で、淡い色の柄（辺材）、暗い色の柄（心材）が好みだ、等々。うちでもこうした要望のある顧客がいて、もちろん希望通りのものをお届けした。もし届いた斧が気に入らなければ、できれば着払いで送り返してほしい。リアル店舗に行くのなら、そのお店の斧を全部、つまり店内在庫もみんな見せてもらって、そのなかからベストなものを厳選しよう。あらゆる斧に保証がついているとは限らないが、もし保証がないなら、そのぶん優れたカスタマーサービスが最大の味方となる。自分の斧に何か不具合があれば、自分で勝手に判断する前にメーカーに連絡し、写真を見せて、目の前の問題を順序立ててしっかり伝えること。

新品購入時に
聞くべきこと

詩人の斧

　ここに掲げるのは、筆者お気に入りの詩「斧の柄」からの引用だ。この詩では、ヴァーモント州出身の詩人ロバート・フロストが、斧の振り方をよく知る立場から、自分の敷地内で薪割りをする語り手の声を引き受けている。さて、語り手がしばらく斧を振っていると、その振る最中にいきなり、バプティストというあまり面識のない隣人に斧が止められてしまう。語り手は当然のことながら、何か苦情でも言われるのではないかと考える。しかしその隣人の本意は、斧の柄が「機械製」の粗悪品で、折れる可能性があると言いたいだけだったとわかる。バプティストは語り手を自宅に招き、もっと良い斧をプレゼントするという。斧を振る途中で掴むことの危険性はさておき、この詩は斧について重要な点をいくつか強調している。（1）欠陥があるなら、その斧は使うべきでない。（2）隣人がこちらの助けを必要としていないと思っている（とりわけ思い込んでいる）ときでも、こちらは隣人に対して大きな責任がある。（3）もっと斧の詩があってもいいのに。

今　ハンノキの邪魔な枝が　背中の後に持った僕の斧に
気づくよりまえに　すでに　僕には　わかっていた。
だが　あれは　森のなかでのことで　僕は
別のハンノキの根への攻撃を　差しひかえていた、
そして　あれは、申し上げているとおり、一本の　ハンノキの枝の話であった。
かたや、こちらは　バプティストという男の話、彼は　ある日
僕の庭の雪のうえを　そっと歩いて　僕の背後に忍び寄ってきた
そのとき　僕は　薪割り台で仕事をしていたが、
すでに　割る薪は　一本もなかった。
彼は　振り上げた僕の斧を　うまくつかんだ、
そのとき　僕が出したすべての力が　うまく彼の味方をして、
一瞬　そのままの位置で　斧の動きを止めた、おかげで僕は気が抜けてしまった、
それから　斧を僕から取り上げた　僕は　彼にそれを持たせておいてやることにした。
僕は　彼のことを　あまりよく知らなかったので
それがどういうことなのかが　わからなかった。行儀の良くない隣人に対して
何か　言いたいことが　彼の頭にあったのかもしれない
相手に　武器を降ろしなさい　と言いたかったのかもしれない。
だが　そのとき彼が　フランス語訛りの英語で　僕に言わなければならなかったのは
彼が考えていたこと　そう　僕ではなく、僕の斧のことだけであった。
ただ　せめて僕のことも　だって　僕は　斧のことをひどく気にかけていたんだから。
ともかく　それは　どこかの誰かが　僕に売ってくれた　ひどい斧の柄のことだったのだ——
「機械製だね」と彼は言って、分厚い親指の爪で　割れ目に筋をつけながら
それが　柄の長い曲がりくねった絵柄のうえを　どのように走っているかを見せてくれた、
まるで　ドル記号のうえをよぎる二本の線のようであった。

ロバート・フロスト「斧の柄」（藤本雅樹訳『ロバート・フロスト詩集　ニューハンプシャー』）より

10. 中古の購入

Best Madeは、ノースカロライナ州にある4代続く鍛造業者カウンシル・ツールズ社と密に協力し、世に先駆けてプレミアム仕様の「現代風」アメリカ式フェリングアックス（伐採斧）を製作した。当時うちの斧は、買えるもののなかでも最も高価で、すでにスウェーデンから出回っていた逸品と同等クラスだった。当初は、顧客のなかにも手に取りつつ、「Best Madeの斧は本当に欲しいのだけれど、さすがにそこまでのお金は」とため息をつく方がいた。そういう人の頭のなかには、子どものころに見た斧のこと、つまりは両親なり祖父母が振るっていた斧の思い出があったりする。ただし、そうした斧にもまだ結構な寿命が残っていることをご存じの方はほとんどいない。そんな斧もまた使えるように点検すれば、市場に出回っている新品の斧と同等（もしくはそれ以上）の性能を発揮できないはずがないのだ。Best Madeが斧の修復ビジネスに参入したのは、こういった経緯があったからだった。

うちが斧のレストアに乗り出した最初とは言えないのだが、筆者の知る限り、斧のレストア講座を開いた最初の小売ブランドではある。この「レストア指導」の先駆けとなった私たちは、ロウアー・マンハッタンにある55㎡の工房で講座の初回を開いてからというもの、たちまちアメリカ全土やヨーロッパ各地に赴くようになり、おんぼろながらも

レストアの需要

大切で愛着あるに違いない斧のよみがえらせ方を、いろんな人たちに教えていった。

　ある斧メーカーの話によると、アメリカでは毎年100万本の斧（新品）が売買されているそうだ。ここに100年以上の歳月をかけ算すると、とんでもない数の斧が積み重なることになる。こうした斧のほとんどは手にも取られず、それこそさまざまな使用具合や死蔵状態で、道具小屋に吊るされたままになっているだろう。新品の斧や未使用の斧よりも、使い古しの中古の斧の方が圧倒的に数も多いわけだ。ただしあえて見つけようとなると大変なのだが。

斧探しのコツ　　　筆者がBest Madeを創業して以降、中古の斧の需要は急増している。この10年で価格は高騰し、品揃えも少なくなっている。良い中古の斧を見つけること自体は可能だが、以前よりも少し手間と忍耐が必要になる。オンラインではなく、自分の足で斧探しをするなら、車で回るのがいちばんいい。預け入れ荷物に斧をいろいろ詰めて、世界中を飛び回ったこともあるが、どうせ制約があるならアメリカ運輸保安庁（TSA）よりもやはり愛車のスバルのほうがいい。ジャンク店、蚤の市、アンティークショップ、古道具専門店などが理想的な狩場だ。メイン州にある工具店「リバティ・ツール」のほこりのかぶった中古棚に勝るものはないのだが、悲しいかな、年に数回しか行けない。恥ずかしながら、筆者のコレクションの大部分はeBayで購入したものだ。品揃えはほぼ無限で、地理的に離れたところでも問題なく、入れ替わりも頻繁。そして、お気に入りのアームチェアでくつろぎつつ、じっくりと品定めできる。

斧に柄を付ける　　　庭先のガレージセールの奥にあるほこりまみれの棚にせよ、ネット上の不鮮明な商品写真にせよ、自分の理想の中古斧を見つけた際にも、現実として覚悟しないといけないことがある。斧の柄のあるなし、あっても柄がぼろぼろ、ひび入り、外れたまま、等々。往時はどれだけ活躍していても、古くなると真っ先に柄がダメになる。

　ここで自分に問いかけよう。この斧は、自分で使う斧なのか、それとも収集観賞用の斧なのか？　実際に使いたいのなら、柄を切り落として新しいものを取り付けて、そうして自分で自分の斧を作り上げ

ることになる（だからこそ中古を買うという人もいる）。ただし、その斧を個人コレクションに加えるのなら、柄はそのままにしておくのがオススメだ。摩耗や傷の程度がどれほどであっても、それがむしろ味になってくるからだ。

メーカーの
マークに注目

筆者の場合、画像を拡大して、製造元のマーク（132ページ参照）の痕跡や、背景や来歴を示すようなデザイン要素を探したりする。ただし世に出回っている中古斧のほとんど、とりわけ低価格の斧には、こういった目印はなく、あったとしてもサビや汚れで隠れてしまっている。筆者は最近eBayで、まさに夢のような斧を見つけたのだが、それはなかなか手に入らないコレクション性のきわめて高いプラム社の「オートグラフ」という銘柄だった。この斧には、美麗なイラストにも似たマーキングがあり、しっかりと売価もついていた（目を疑ったほどだ）。そこで写真をまじまじと見てみると、斧腹に気になる亀裂が見つかった。これは、史上最大の斧のレストア案件になるのではないか？そう思った筆者はニューヨーク州北部の鍛造業者に連絡を取り、この美しい斧を修復できるかどうか問い合わせた。残念ながらその答えは「もうダメだ」。鍛接すると鋼の焼き戻しがまったく台無しになってしまうからだ。斧身全体を鍛造し直した方がいいとのことだったが、それではせっかくの美しい図案が消えてなくなってしまう。それでもと購入したその斧は、今では立派な文鎮になっている。

赤サビは斧の
終わりならず

売り手が自分で修復することも多いが、たいていろくなことになっていない。中古の斧の購入時にあると思っておいたほうがいいのが、泥汚れ、油汚れ、刃こぼれで、そしてほぼ確実にあるのが赤サビだ。サビた工具だからもうダメだと見限るのは簡単だが、これほど実情とかけ離れた判断はない。赤サビなど、たとえ大量のサビであっても、たやすく処理可能だ（207ページ参照）。その点を承知しながら、修復作業を急いでわざわざ強い研磨材や鋼の削れるグラインダーを使う売り手が後を絶たない。いらだたしいのが、斧を鏡面仕上げにして、2倍や3倍の値段をつけようとすることだ。ありがたい話ではあるが、自分の斧に自分の姿を映すかどうかくらい、自分で決めさせてほしい。

価格という
決め手

　中古斧の購入時、価格が決め手になるのは当然だ。筆者は重い価格制限を自らに課しているが、そうしておけばやりくりがうまくなるし、競りにも多少のスリルが出てくるからだ（金に物を言わせて斧を買うのはやはりチート行為だ）。本書出版時だと、筆者なら20ドル以下で素晴らしい斧が手配できる。コレクター好みのめずらしい逸品は手に入らないかもしれないが、十分使える斧であることはほぼ確実で、おいおい自分だけの逸品にしていけばいい。まあ結果として使い物にならなくても、期待外れでも、それで新しく素敵な文鎮が手に入るじゃないか。

ラインの確認

　ともあれ中古の斧を見定める際には、ラインをしっかり確かめよう。ひしゃげていないか、ぐらついていないか、使いすぎで痛んでいないか、間違った使い方をされていないか。逆に、安定しているか、きれいか、切れ味はいいか。斧頭の部分がつぶれていないかにも注意しよう。ひしゃげていたなら、トンカチ代わりに使われていた可能性が高い。斧は木を切るためのものであって、金属を叩くためのものではない。それに、たいてい斧頭には刃先のように焼き戻しされていないため、やわらかく元に戻りにくい。斧頭の損傷は見た目だけの場合もあれば、斧の柄穴に深刻なダメージが残っている場合もあって、そこがひしゃげているともはやレストアは不可能だ。

刃先の確認

　筆者の父は、スイスアーミーの小型ポケットナイフを農場の高速電動グラインダーで研いでいたのだが、みるみるうちに刃が爪楊枝のように研磨されていった。斧もナイフも、やはり手で研ぐべきだ。この基本的な事実を、老父をはじめとする多くの人々はいまだに理解していない。電気グラインダーでは素材があっという間に削られすぎる上に、刃が限界以上に熱せられて焼きが戻ってしまい、鋼が「なまくら」状態になってしまう。グラインダーにかけられた斧は、たいてい刃先が丸くなりすぎて、そのために刃末も刃元も根元からえぐれてしまう。斧頭がきれいな四角であってほしいように、刃の末と元、そのあいだのラインもきれいに仕上がっているものを求めたい。電動グラインダーは、プロであれば適切な機械や研磨剤や治具や研ぎ方がわかっているから、使ってもうまくできる。ところがプロでない大半の人も、

粗目ヤスリや研ぎ石を使えば、同じくらいにうまくできるはずなのだ。

　金継ぎとは、日本古来の修復技術のことで、特に漆と金粉・銀粉を用いて割れた器を修繕し、いったんはダメになった陶磁器の破片を、美しく機能的な器へと変貌させるわざだ。個人的には、斧のレストアも金継ぎと同じく、まさしく時代を超えた貴い追求だと考えている。つんとする茶色の液体に手を伸ばして、酢に12時間浸した斧を取り出し、酸が赤サビをすっと落としていくさまを目にしたときのあのゾクゾクは、けっして古びることがない。そして得られるものは、奇跡にも似た報酬だ。レストア作業を通して、人は斧とさらに深い関係を否応なく築くことになる。斧が良いものになるばかりか、自分のものにもなるのだ。自分で修復した斧を振うと、人類最古の道具である斧がさらに身近になって、古代から今に至るまでの歴史さえも感じられるようだ。その斧の正確な来歴は知り得ないかもしれないが、それを振った人物のこと、それがあった場所のこと、それが見てきたいろいろなことまでが思い描ける。

　炭素鋼の寿命は場合によりけりだが、手入れをすれば斧も、ほかの持ち物すべてとおおむね同じく、長持ちするはずのもので、つまるところ、何度も何度も（何度も）よみがえるということを意味する。500年後、自分の斧を振っているのはいったい誰か？　斧はこれからもたえずそこにあり、通り過ぎるのは自分のほう。自分の責務というのは、たまたま自分の所有物であるあいだに、こうした道具を保管し、必要であれば修復し、使用しながら機能を保全し、最後には自分が見つけたとき以上に良い状態にしておくことなのである。

重量調節

ラベル

シングルビットの斧における
マークの一般的な見分け方
（斧頭の下にある数字が製造
年を示すことも）

11. マークとラベルの 見分け方

　希少な骨董品として斧探しをする際には、どうかマーク（商品名や刻印、何よりもラベル）付きの品に出会えるように、と願っている。20世紀初頭の斧市場が目まぐるしいほど盛り上がっていた頃、こうしたマークはしばしば斧を目立たせる最大のポイントにもなった。以下のページで紹介するように、斧には魅力的な名前が付けられ、斧を求める人なら誰しも胸の奥底に秘めたポール・バニヤン心をくすぐるような、派手な文字やイラストが描か

れていた※。筆者もBest Madeを始めたころにこの輝かしいグラフィックの歴史を知るようになったのだが、当時も今も、こうしたかつてのメーカーのセンスにはいつも刺激を受けている。マークの付け方にはかつてメーカー間の規格もあったが（上図参照）、残念ながらマークのない斧も多く作られていた。以下には、ニック・ズドンのコレクション内から、筆者のお気に入りのラベルを一部掲載する。

※ポール・バニヤンはアメリカ伝説の木こりの巨人

THE PIONEER AXE

LEWISTOWN, PA. U.S.A.

OLD YANK
HAMMERED
AXE
ALL HAMMERED
NOT
DROP FORGED
NEW ENGLAND HANDLES
THOMPSON, CONN.

SPECIAL GRADE
SOLID STEEL
AXE
Wm ENDERS OAK LEAF
WALDEN, N.Y. U.S.A.
MADE IN U.S.A.
Jno Enders Mfg Co.
WALDEN, N.Y. U.S.A.

THE BLACK DIAMOND AXE
TEMPERED BY HAND
W. C. EDMUNDS & CO., Inc.
BALTIMORE, MD.

THE WITHERELL AXE
Copyright Secured
Preble & Robinson
Bingham Me.

The CHOPPERS FAVORITE
AXE
Made of HIGHEST GRADE STEEL
JAQUITH HANDLE MILL · CLINTON, MAINE

DAMON AXE
ALL HAMMERED
DAMON BROS. OAKLAND, MAINE

THE LUMBERMAN'S PRIDE
WEDGE AXE
HAND MADE
Manufactured only by
EMERSON & STEVENS MFG. CO.
OAKLAND. ME.

このコリンズ社の古い斧のように、ステッカー付きの品を見つけたら、ぜひとも（クリス・ガービーのツイッターアイコンのように）手に取ってみてほしい。ラベルを見る限り、これはラテンアメリカ市場向けに作られたもののようだ。

12. 収集用の有名（かつ現存しない）斧メーカー一覧

20世紀の北米メーカーを中心に紹介

アラン・ヒルズ・エッジツール社（カナダ）
アメリカン・アックス＆ツール社（ペンシルヴェニア州）
アメリカン・フォーク＆ホー社（オハイオ州）
アメリカン・ハードウェア＆サプライ社（ペンシルヴェニア州）
アメリカン・ツール社（ケンタッキー州）
アッシュダウン・ハードウェア社（カナダ）
ビーティ・アックス・マーキングス（ペンシルヴェニア州）
ベッドフォード・マニファクチャリング社（カナダ）
ブラッドアックス・ファクトリー（ニューヨーク州）
ブラッドリー・アックス社（ニュージャージー州）
ブレッケンリッジ・ツール社（オハイオ州）
カナディアン・ファウンドリーズ＆フォーギングス（カナダ）
カナディアン＝ウォーレン・A＆T社（カナダ）
コリンズ社（コネティカット州）
ダグラス・アックス社（マサチューセッツ州）
ダンダス・アックスワークス（カナダ）
ダン・エッジツール社（メイン州）
エマーソン＆スティーヴンス（メイン州）
エンパイア・ツールワークス（ニューヨーク州）
フランシス・アックス社（ニューヨーク州）
ジェニーヴァ・ツール社（オハイオ州）
アレキサンダー・ハリソン（コネティカット州）
ハイランド・ツール社（ケンタッキー州）
ハインズ社（ヴァーモント州）
ハバード＆ブレイク（メイン州）
ジェームズタウン・アックス社（ニューヨーク州）

ジョンソンヴィル・アックスマニファクチャリング社（ニューヨーク州）
ケリー・アックスマニファクチャリング社（ケンタッキー州）
キング・アックス社（オハイオ州）
ニッカボッカ・アックス社（ニューヨーク州）
ルーイヴィル・アックス＆ツール社（ケンタッキー州）
マン・エッジツール社（ペンシルヴェニア州）
マーシュ・アックス＆ツール社（メイン州）
M・F・ミラー（ニューヨーク州）
モリス・アックス＆ツール社（ニューヨーク州）
ノーランド社（ペンシルヴェニア州）
ノースウェイン・ツール社（メイン州）
プラム社（ペンシルヴェニア州）
リックスフォード・マニファクチャリング社（ヴァーモント州）
ローマー・アックス社（ニューヨーク州）
シュライバー・コンチャー・ウェストファール（アイオワ州）
スマート・マニファクチャリング（カナダ）
スピラー・アックス＆ツール社（メイン州）
トレッドウェイ・ハードウェア社（アイオワ州）
ウォルターズ・アックス社（カナダ）
ウォーノック社（カナダ）
ウォーレン・アックス＆ツール社（ペンシルヴェニア州）
ワショー・マニファクチャリング社（ニューヨーク州）
ウェラン・ヴェール社（カナダ）
ホワイト（G・W）・アックス社（ペンシルヴェニア州）

出典：アラン・クレンマン著『北米の斧メーカー』1990年。

Using
斧を使う

ニューヨーク州アンデスで
キャンプをするマイケル。

左図：斧を人に手渡すときは、必ず刃を自分側へ
向けるようにすること。

13. 安全面

　斧を手にすると、何だか強くなったような気持ちになるものだ。こ
の道具は生産性を高めるために設計されたものだが、その性質上（誰
が振るうにしても）やはり物や生物に危害の加わるおそれがある。斧
を扱う者には果たすべきことがある。それは自分自身だけでなく、他
人や周囲に対しても、しっかり安全を確保することだ。これほど大事
なことはない。

「斧を使う」セクションの始まりを安全面の話にして、そのあとの章を
研ぎ方にあてたのは単なる偶然ではない。斧を使う前には、斧の切
れ味を確認しなければならない。切れ味が悪ければ、研ぐか、細心
の注意を払って作業を進めることになる。斧の刃こそ、すべてが始まる
（そして終わる）ポイントだ。斧が鋭利なら何よりも確実に、使いたい
ものにも使えるし、思った通りに動いてくれる。手間暇かけて斧を研
ぐなら、その自分の時間はまさに支度の段階だ。斧の鋭さこそ、仕事
を完遂させるやる気を表すもので、斧がなまくらでは身が入っていな
いことが丸わかりだ。それに、なまくらな斧でも、受けたときのダメー
ジを過小評価してはならない。鋭利な斧こそ安全なのだ。

　本書で概説する一連の手順は、斧の正しい使い方を指南するもの
で、安全面を最大限に高めるために書かれている。だがそれでも、ど

鋭利な斧こそ
いちばん安全

れだけ頑張っても、何事も計画通りに運ぶとは限らない。斧を100％コントロールできる人はいないのだ。どんな熟練者でも、どんなに優れた斧や鋭い斧でも、自分ではどうにもならない事態が必ず起こる。ここでの目標は、そうした不可抗力をしっかり理解した上で、その被害を最小限に抑えることだ。それが本書全体の目的でもある。

斧による負傷は最悪の事態

たとえば荒野や、医療機関から遠く離れた場所では、事態が悪化しかねない。骨折・やけど・急病・斧での負傷、等々いろいろありえるが、悪化しかねない事態のなかでも、最後に挙げたものが最悪の事態になるおそれがかなり高い。骨折や火傷はかなり痛いが、その種の怪我では出血しない。ただし斧の打撃でできるような大きな傷口からの出血は、外科医と同行したり自分で傷口が縫合できたりしない限りは、(不可能ではないにしても) 止めるのが信じられないほどに困難だ。その点は、斧の使用に関する厳しくも重い現実であり、しっかり脳裏に刻み込まなければならない。

斧は要集中

とはいえ、斧を使うときのいいところは、そこに自分の注意を向けることが必須である点だ。必ず集中するしかないし、ほかのあれこれ (うるさい声や気が散る物事) は全部後回しにしてもよい。気が抜けてしまうと、何もかもうまくいかなくなる。1日のなかでも薪割りがしたくなる時間帯があって、それはいちばん集中力のある (上にコーヒーを何杯か飲んだ) ときだ。空腹で疲れていると薪割りをしたくなくなる。山小屋から離れた森の奥深くで薪割りをする際は、水分補給用の水を必ず持っていく。こういうのは「ささいなアドバイス」にすぎないが、ちりも積もれば何とやらだ。

油断大敵

人には無知ゆえに犯す失敗がある。気を張りすぎて (ミスしないよう頑張りすぎて) 失敗してしまうこともある。そして、別にそこまで頑張らなくてもいいだろうと油断しているときにやらかす大失敗だ。これこそが何より最悪のミスだと思う。たとえば、こんな場面を思い浮かべてみよう。夜の8時に野外で焚き火をしている。長い1日の活動で疲れたあなたは、汗まみれの作業靴からお気に入りのキャンプモカシンに履き替えて、愛飲のスコッチのボトルをもう指4本分くらいは減

らしている。火が弱くなり出して、薪も足りなくなってきたので、何の気なしに斧へ手を伸ばしてしまう……となれば次に書く展開は大惨事しかない。大きな火事を起こす前に、まず大きな薪の山を作っておこう。まだ白昼のうちに、意識のはっきりしているうちに、ウイスキーの栓を閉めて、やるべきことを全部やっておく。

安全な斧は、強度も信頼性も高いわけだが、それでもいつか、繰り返し使い続ければ、傷んでしまう日が必ずやってくる。斧身であればおそらく欠けたり、柄ならまず折れたりしてしまうはずだ。打ち損じてオーバーストライクすると、斧身と接する部分付近で折れることもある。その場合は193ページを参照しつつ、未使用の柄を購入した上で、斧身に据え付けること。これで新品の斧のできあがりだ。斧が壊れること自体は大したことではない。その点を理解すれば、自分の斧は壊れない無敵の斧だなどと思い込まずにすむだろう。

壊れない
斧はない

練習すれば、全力で斧が振れるようになるし、斧もたじろがずにその一撃を受け止めてくれるだろう。良い斧が自分に尽くしてくれているのに、何を悩むことがある？　木材を切るときには、焦る必要もなく、誰かに何かを見せつける必要もない。ゆっくり焦らず手順通りに、必要なことはそれだけだ。偉大な木こりの真の力は、筋力そのものではなく、斧と木、そしてそのふたつのあいだの拮抗を理解するかどうかで決まってくる。真の木こりは、その理解をもとに、鍛練を重ねて技術を磨き、かけがえのない筋肉にそのことを覚えさせていくのだ。斧をうまく使うにあたっては専門家にならずとも、十分に修練すれば動作が自然と身についてくる。学ぶ際には、その時点での自分の知識を意識しながら、（さらに大事なこととして）自分の無知も受け入れることだ。

ゆっくり焦らず
手順通りに

斧のいいところは、人を外へ誘い出して、特別な場所へと連れて行ってくれる点だ。自分がそこにいることには理由があり、その理由は薪割りだけではないことを、たえず忘れないようにしてほしい。

14. 研ぎ方

これまでに筆者が見てきた斧研ぎガイドの多くは、研ぐことをメンテナンスの問題と考えているが、個人的には強く反対する。むしろ斧を使い始めるにあたって、最初の大事なステップだと思う。同じように、私の知る限りその斧研ぎガイドのほとんどは、完璧な刃の研ぎ方を指南すると豪語している。だが個人的には、完璧な研ぎ方があるとは思えない。確かに斧のひどい研ぎ方はあるだろうとも。しかし完璧とは何か？　まあ、求めること次第かもしれないが。斧を鏡面仕上げにしたいのだろうか？　確かに何日もかかりそうだ。友人のニック・ズドンは、斧のレストア時に、ほぼ1週間がかりで斧の修復と研ぎを行う。その結果、あまりに鋭利でぴかぴかなものだから、かんな代わりにも鏡としても使えるほどだ。その鏡面仕上げで木の切れ味が良くなるのかといえば、多少はそうだ。ともあれ、斧の鋭さを物語る印ではある。

大事なポイントをひとつ。普段使いの斧がなまくらになりすぎて、ミル粗目ヤスリ（目の粗さ最大級）を使う羽目になって、必要な部分まで削ってしまうような事態にならないようにすること。そんな削れやすいヤスリでは、鋼材がえぐれてしまって、斧の寿命が縮んでしまう。研ぐ際には、粒度の異なる複数の砥石を用いて（159ページ参照）、定期的に行うのがベストだ。そうすれば切れ味もよくなって、労力も少

**研ぎは使用の
第1ステップ**

**粒度の
高い砥石で
よく研がれる**

なくて済む。粗目ヤスリなんかで研ぐと、そのたびに摩耗していくことになる。

　定期的な手入れとして、斧を使う前には毎回磨こう。天然素材で粒度も高いハードアーカンソー砥石か、合成素材のダイヤモンド砥石（600グリット以上）を扱うのがオススメだ。もちろん自分のいちばん使いやすいのが最高の砥石だ。合成砥石は割れにくいので、野外での使用に適している。なお、合成砥石には水や油なしで使用できるものもある。

自分なりの
研ぎ方を
練習しよう

　研ぎ方が身につけば、自分の刃にも自信が持てるようになる。次ページからは、刃の本格的な研ぎ方を紹介しよう。試しにやってみるといい。ただし、あくまで参考にとどめてほしい。この手順から大きく外れることはないが、研ぐことも斧そのものと同様に、見た目以上にささいなニュアンスが異なってくる。どれくらいの切れ味が適切なのかは、誰にもわからない。読者にとって「鋭利すぎる刃」も、筆者にとっては「鋭さの足りない刃」かもしれない。それに、斧は鋭利すぎてもいけないが、薄すぎてもダメだ。薄い刃はもろい。だが、ゆっくりやれば、たちまち鋼材を削りすぎてしまうなんてこともないだろう。

研ぎは瞑想だ

　研ぐための時間を確保すること。そして始める前に、必需品は全部、目の前に揃えておく。ヤスリ、砥石、布きれ、万力（作業台に取り付けられていない場合）、斧。さらに（他人も含めて）不要なものが入ってこないよう片付ける。それから作業終了までゆっくりと、それでいて落ち着きつつ行動し、必要に応じて道具を取り、使わないときには元の場所へ戻すを繰り返す。作業全体を通して、それくらいわかりやすく気をつけたほうがいい。まるで瞑想にも似たリズミカルな作業にすること。理由は大きくふたつある。不規則な動きは、作業効率を悪くする。スムーズで効率のいい作業のおかげで、むらなく鋼材を研ぐことができて、結果として刃先もきれいに揃う。ただし、じっくりと焦らず作業をする理由はもうひとつある──安全面だ。自分の指や関節が、鋭利に研ごうとしている対象物のすぐそばにある。不用意に動けば、切り傷につながりかねない。焦らないこととリズムが、そのリスクを軽減してくれるのだ。

斧の研ぎ方：始める前の準備

　始める前に、道具がちゃんとすべて揃っているか確認することが肝要だ。個人的には研ぎ台はすっきりさせて散らかしたくはないのだが、ふつう揃えておいてほしいのが、粗目ヤスリ1本、砥石2〜3個（天然砥石と合成砥石）、バークランプ数個、ホーニングオイルとアマニ油、すきま調整用のクサビか木片、雑巾、手袋（とブラックコーヒー1杯）である。

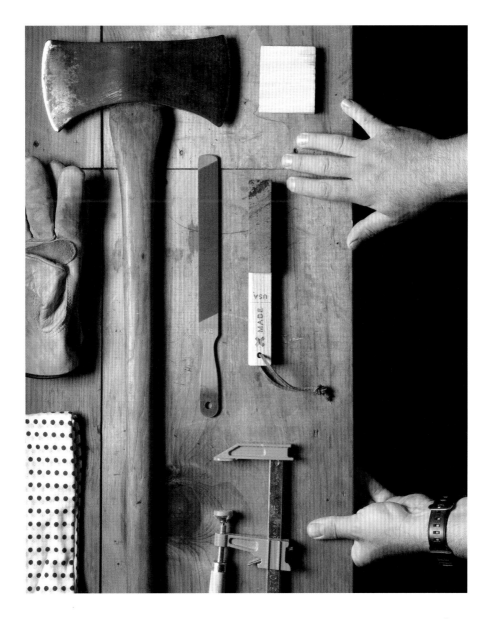

ステップ1: 固定

　斧を頑丈な作業台にしっかり固定しておくことが、安全面と効率性の両面で重要になってくる。斧が前後に動かないよう、バークランプを2個使おう（オリジナルな万力については205ページ参照）。ひとつ目は斧身から約20cmのところ、図には見えないがふたつ目は柄の奥のほうに取り付ける。柄の木材を傷めないように雑巾を用いること。斧の刃先は、作業台から数cmほどはみ出させておく必要がある。

ステップ2: すきまの調整

　斧身と作業台のすきまに、木片を調整板にして挟むと、斧身が上下にぐらつかないので、研ぎ道具をうまく安定した角度で扱えるようになる。

ステップ3: 形を整える（上面図）

　斧の手入れをするとなれば、とりわけ切れ味がかなり鈍っている場合、粗目ヤスリを使って形を整えたくなるものだと思う。まずは刃先に対して正しい角度でヤスリをあてよう。自分から遠ざかるように、ヤスリを刃へと押し込んでいく。自分へと近づくようにヤスリを引いてはならない。ヤスリを前へ前へとずらしていって、そのあと刃から持ち上げ、もう一度初めから同じことをする。刃先の片側からもう片側へと向かって、ゆっくりとまっすぐ一定の動きを繰り返しつつ、少しずつ横にずらして作業していくとよい。

角度は20°

中心線

最初の接点

ステップ3: 形を整える(側面図)

　ヤスリと刃を最初に当てるところは、刃先から2.5～3.8cm下がったところがオススメだ。ヤスリを刃先に押し込みながら、「すくう」ような動きでヤスリの角度を上げていく。動きの終わりも、ヤスリが刃先に触れたままで。これを繰り返すと、刃全体がなめらかになり、丸みを帯びた凸面になる(69ページ参照)。最終的な角度が高いほど、刃の形が丸くなる。

ステップ4: バリの確認

　刃にヤスリを当てながら繰り返し動かし続けると、少量の鋼が刃の下側へとまくれていく。これは「バリ」(またはマクレ) と呼ばれるもので、ヤスリの研ぐ動きが刃先の端で終わっているため、自然とこうなるのだ。刃を整えたり研いだりしているあいだは、合間合間にこのバリの確認をしよう。刃先の下側全体にバリの出てきたのがわかるようになったらOKなので、斧を裏返して反対側の刃に同じ作業を繰り返そう。

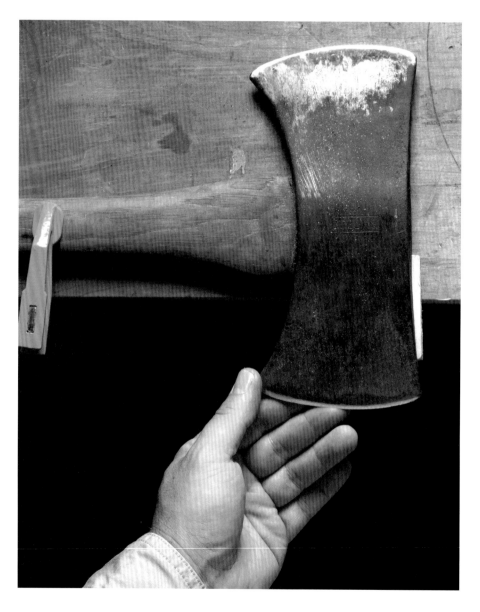

ステップ5: 砥石の準備

　新しい刃のかたちに満足し、刃先の両面にバリができてきたら、いよいよ研ぎ始める段階だ。この時点からは、ヤスリよりも粒度の高い砥石を用いる必要がある（159ページ参照）。まずは研ぐための道具を準備しよう。アーカンソー砥石は鉱油をたっぷり塗っておくとうまく使えるが、ダイヤモンドヤスリなら水を使うのがベストだ。こうした液体は砥石の目詰まりを防ぐ働きがある。

ステップ6：研ぐ

　砥石使用時の動きや角度は、形を整えるときと同じだ。刃先を押し込むわけだが、鋼からの抵抗を感じる程度の力で行うこと。ゆっくりと一定の動きを繰り返そう。押し込みながらヤスリの角度を上げていき、刃先が終端。刃の下側にバリができたとわかるまで、刃のところで繰り返し動かすこと（このバリはヤスリ使用時よりもわずかなものになる）。

斧の両面を研いだあとは、できたバリを取り除く必要がある。斧のクランプをゆるめた上で、厚紙や木を当てて刃先でずらしていこう。刃先の片側のバリ取りが終われば、斧を裏返して再度バリ取りをする。完全にバリを取り除くまで、何度か裏返してみることもある。刃先のどちらからもバリの手触りがなくなったら、研ぎも終了だ。

野外での研ぎ方

　長時間、野外に出ている場合にも、研ぎが必要になる事態があるので、しっかり想定しておこう。携帯用の丸砥石を常時携行しておくこと。作業台での研ぎほど効果があるわけではないが、携帯用のポケットストーンはいざというときに役立つ。軽く小さな円を描くように刃渡り部分へ当てて、それを両面で繰り返す。小さな欠けや傷は無理して何とかしないこと。斧の性能に影響はないから、家に帰ってから直せばいい。

研ぐ際の研磨具合と粒度［グリット］

数字はグリットに相当する。
（1平方インチあたりの鋭い粒子の数で測定される。日本では単位を「番」で表すことが多い。）

粗い		
	ヤスリ	極端ななまくら斧や欠けた斧の形を整えるために用いるもの。大量の鋼材が削れるため、使用は控えめにすること。
	100-400	たいていの斧は、この粒度の砥石から始めよう。ヤスリと同様に、どれくらい鋼材が削れているかしっかり確認すること。
	500-1000	研いでいる時間のほとんどは、この粒度の砥石を用いる。斧の切れ味もよいままで、多少の調整だけが必要なら、800か1000グリットの砥石から始めるとよい。
	1000-3000	斧をかんな代わりや鏡として使いたい場合は、砥石の粒度を段階的に上げながら、研ぐ作業を繰り返していくことになる。
	研磨材	ホーニング（研ぎ上げ）用の革砥と一緒に使うことが多い。ここまでくると、刃先が精密に研ぎ磨かれるので、それだけで宝飾品にも見える。
	革砥	革砥で刃先を磨いて、最後のやり残しを取り除いて完璧に仕上げる。革砥で磨くと、刃が鏡面仕上げになる。帯状の革を用いる（古いベルトでも可）。
細かい		

天然砥石と合成砥石

研ぎに最適な石は、斧の世界の大半の話題と同じで、侃々諤々の議論がある。個人的には、天然の油砥石（オイルストーン）と、合成のダイヤモンド砥石を組み合わせて使っている。それぞれに利点があるので、私はまず天然の油砥石を使って、ダイヤモンド砥石で仕上げることにしている。また、ダイヤモンド砥石は使い勝手がよく、持ち運びに便利なところもお気に入りだ。自分にいちばん合う石を使い込むのもいいだろう。研ぎは、それ自体が芸術なのだ。

15. 薪割り

筆者自身は油圧式薪割り機を愛用しているが、これには不快な点もある。でかい上に、うるさくて汚いところだ。本来なら静謐なはずの環境を、まるごと台無しにしてしまう。その騒音だけでも、斧で割りたいと思わせるには十分だ。トンと刺さる音、木を裂く音、最後の割れる音などは、鳥のさえずりや雷のとどろきのように、自然らしく聞こえるものである。

とはいえ、毎回はっきりと意識して所定のルールにのっとっていかないと、その木材を堅実にきちんと割り続けることができないし、立派な薪の山も築けない。薪割りには、たとえ何年の経験があろうとも、練習と準備が必要だ。リズムが必須だ。

練習、準備、リズム

リズムといえばの話。たいてい木を割る作業には、モール（ハンマー斧）やスプリッティングアックス（木割り斧）が適していて、木材を輪切りや断面割りする場合には特にそうだ。だが個人的には昔からフェリングアックス（伐採斧）が好みだ。原木や丸太割り用だと、斧身が重く（切り込むというよりもその重量で木材を押し割るものなので）、その重みに疲れてしまうのだ。一方で、フェリングアックスは重さもほどほどで、ぐっと深く食い込む。手に持ったときの安心感と振り上げたときの安定感があり、力まかせなほかの斧よりもリズムを作るのに適していると思う。

モールとフェリングアックスの比較

筋肉に
覚え込ませる
ことが鍵

　木を割る作業は、なるほど簡単なものに見える。重い刃を1本の木材に当てるだけだと。だが、まじめな集中と準備が必要だ。怖がらずに練習しよう。ゆっくりと予行演習することだ。筋肉に覚え込ませることこそ鍵だ。いったん斧を振り下ろすと、後戻りはできないのだから。

　支度をすれば、物事はうまくいく。時間も同じだ。木を割る作業時間をしっかり確保して、日中に実行する。ひたすら打って割って打って割って打って割るというのは避けよう。木を割る作業は疲れやすいものだ。注意散漫になったり、斧が的から外れだしたりしたら、必ず手を止めて休憩すること。

薪割りは
セラピー

　私見だが、この作業は一種の癒やし（セラピー）だ。筆者の山小屋にやってきた客は、やがて薪割り台に使っている丸太に興味を持ちだして、木を割りたがる。そんな人たちへのセラピーだ。薪割りの醍醐味とは何か？　ひとつ目は、そのリズム。ふたつ目は、いい音。3つ目は、ひたすら正確にボールを打つときのような、ゾーン状態。最善を尽くしつつ、あるものを別のものへと変えていくわけだが、自分ではどうにもならないところもある。次に何が起こるかはっきりとは予測できない。木を割る一瞬の緊張感。そしてすがすがしく木の割れる音がして、何十年もかけて形成された繊維が引き裂かれ、1本の木材から2本の木材が出来上がり、やがて火にくべられる。成果はこの上なく有望でシンプルなわけだが、それでも斧が丸太からも外れてそのまま地面に突き刺さってしまう結果になることがある。そんなことが起こらないためには、どうすればいいのかをここで紹介しよう。

薪割り：始める前の準備

　まずは薪割り台に適した丸太を見つけよう。面が平らで、幅が少なくとも45.7〜61cmあるものがいい。いい薪割り台は、長年土台として活躍してくれるので、大切に扱うこと。障害物や人、ペットなどが周囲にいないことを確認する。割る薪はまっすぐに切っておくとよい。そうしないと、薪割り台の上で安定しづらくなる。節のある薪や木材は、焚き火用に取っておくこと。割れないものを無理に割ろうとして、筆者は何本も柄をダメにしてしまったことがある。

ステップ1: 正しい姿勢

　腕をしっかり伸ばして、両手で斧の柄の底部を握る。斧を上げて、目標の数cm上に浮かせる。足は60〜92cm広げ、膝を少し曲げること。そうすると足腰が安定して、斧の軌道からも安全な距離をとれる。不安があるなら、斧をゆっくりと下げて、振り下ろしたときに描く弧のラインを予行して確かめるといい。斧があなたの足に触れそうなら、位置の調整だ。

ステップ2: ねらいをつける

　利き手を柄の上部まですべらせ、もう一方の手は柄の底に添える。斧を体へ引き寄せて横向きにする。柄が腰に触れそうなくらいがちょうどいい。両手はその位置のまま、斧身が頭上に来るまで、体の前の斧を利き手の側から上げる。いちばん上まで来るときに、斧と自分の体前面とが直角になるようにして、振り下ろすときもその向きを維持すること。

ステップ3: 斧を上げる

　斧をいちばん上まで持ち上げれば、無理に力を入れる必要はない。斧の重みに任せて、やることをやろう。無事に自宅に持ち帰ることが使命だ。目標に向かって斧を下ろす準備として、利き手を柄に沿ってすべらせ、最後にもう片方の手と一緒に柄の底を握るようにしよう。手首の角度は固定しないほうがいい。斧の下ろし始めには、手首と斧をやや上向きにすること。

ステップ4: 斧を下ろす

　目標に近づいたとき、手首をひねって斧を下向きにする。この「しなり」の動きのおかげで、目標への威力が大幅に増加する。たえず斧全体が地面と平行になるように、そして斧の刃先が木材の上部と平行になるようにしつつ、落として薪割り台まで振り抜く。振る動きが円弧を描いてしまうと、斧が体のほうに向かってくるので、避けること。

ポイント：フィストバンプ

　このふたつの図を見ると、斧を振り上げている最中には両手がいちばん離れていて（下図）、上まで来たときに手を柄に沿ってすべらせて、斧を下ろす姿勢のときには両手がどちらも斧の柄尻の突起のところにあることがわかる（右図）。アメリカ林野局のトレイル管理人である友人クリスティン・ベイリーは、これを「フィストバンプ」（拳同士を付き合わせるジェスチャーのこと）と呼んでいる。

最初の挑戦が成功であれ失敗であれ、うまく薪割りを行うには堅実に続けることが大事なのだと忘れないように。だからこそ、安全で効率のよい姿勢と動作を見つけ、筋肉に覚え込ませ、それを反復継続しないといけない。正しい姿勢を必ず堅実に守り続けることが、繰り返しうまく行うための最善のやり方だ。

ステップ5: 木材に当てる

　斧の刃が木材に当たったとき、体の姿勢はいちばん低くなっている。膝を曲げ、背筋を伸ばし、足をしっかりと踏みしめているため、ほぼまったくスクワットの状態だ。理想としては、斧で薪がきちんと真っぷたつに割れること。失敗して斧が目標から外れても、落ち込まないように。外すことは避けられないし、うまくいかなかったポイントを理解して適宜調整し直す機会だと捉えればいい。

ステップ6: 力を抜いて、再び姿勢をつくる

うまくいけば、対象をきちんと割り抜いて、斧は薪割り台に刺さり、自分の両サイドには裂けたばかりの木片がふたつあるはずだ。斧を薪割り台に残したまま、次の薪のためにあたりをきれいにする。目標を外した場合は、木材の位置を変えてやり直せばよい。

16. 枝払いと木挽き

倒木の幹から枝をすべて切り取る枝払いの第1ステップは、しっかり見ることだ。倒れた幹の下側が地面についていない場合、どこかで枝が幹の重量を支えているはずなので、確認すること。こうした支えになっている枝を切ると、たちまち木は動いて位置が変わってしまう。それこそ枝を切るたびに、木が転がる。ここの枝を切ると、あそこで4分の1回転。反対側の枝を切ると、たちまちごろんと元通り、というように。下に伸びた枝を切り取ると、幹が地面にずどんと落ちるかもしれない。ゆえに、どの枝を切るのか、目標を見極めるのだ。大きな枝を切り取ると木がどうなるかをしっかり予測すること。その上で、木が転がっても大丈夫なように、その先の場所を予想して空けておく。

そうしてようやく枝払いが始められる。まず幹の（根に近い）下側から始めて、そこから上へと進めていき、枝1本ずつ伸びている方に向かって刃を入れていく。ただし重量を支えている枝は後回しだ。太い枝はまず垂直に切り込みを入れてから、そのあと角度をつけてさらに切り込みを入れていく。こうして枝のついているところをなくしていくわけだ。目指すのは、できるだけ突起物のないきれいな幹である。終わったあとは、簡単に転がせるようにしておきたい。

まず下側、
そこから上へ

木挽きする理由

　さて、薪割りの前の段階として、できた丸太を大きな「木材」に切り分けていくわけだが、この木挽きという行為は、枝払いよりもはるかに手間がかかる。木挽きして薪割り用木材をたくさん作ろうと考えているなら、ノコギリの使用を検討したほうがいい。それでも斧で木挽きする場合には、それなりの大きな理由がある。斧は燃料いらずで、取り扱いもひとりだけで問題なく、チェーンソーや大型のクロスカットソーでは無理な場所にも行ける。斧は奥深いトレイルでの作業や、長距離の徒歩移動が必要な場合にうってつけだ。筆者も、自宅敷地内の散歩で軽量の斧を携帯することがよくある。いつ木を切る必要が出てくるかわからないからだ（斧を使った木挽きの短所には、時間と労力がかかることのほかに、たくさんの木材が無駄になってしまう点がある。ノコギリの小さな切り口と、斧を使ったときの広いV型の切り口を比べてみるといい）。

**木挽きには
斧かノコギリか**

　木挽きは危険な作業になるので、足の置き方が重要になってくる。足を広げて、しっかり踏ん張った姿勢がオススメだ。木挽きする際は、角度をつけながら下に向かって切りつけていく。大きな木の場合、幹をまたぐようにして切ることもあるが、そうすると、ひと振りごとに片足のある方に向かって切ることになってしまう。明らかに危険だ。とはいえ、1度だけなら試してみるのもいいかもしれないが。倒木に枝打ちと木挽きを行って、何とか形の揃った薪にまでできたら、かつて（斧1本だけで）枝打ちと木割りをして1日2山の木材を積み上げた、はるか昔の木こりたちとも肩を並べることができるだろう。

　なお、ダブルビット（双刃斧）は、木の枝払いや木挽きに最適だ。片方の刃をもう一方より太めにしておくと、それを枝の根元にできた節を切るのに使いつつ、鋭い伐採用の刃で木を倒したりできるからだ。

枝払い：切り方

　自分で切り倒したばかりの木でも、枯れた倒木でも、とにかく倒れた木を扱う際の第1ステップが、枝を切り取ること、いわゆる枝払いだ。倒木の枝を切るときは、まず幹の根に近いほうから始めて、だんだん上へと進めていく。長い木に沿って下から上へと作業していくので、基本は枝の下側から刃を入れていくことになる。

枝払い：立ち位置

　枝払いの際は、必ず丸太と切る枝の（反対側の）隙間に立つこと。そして、自分の動ける範囲がいつでもはっきり確認できるようにしておくこと。小枝はうっかりすると危険だ。振る途中で斧が枝に引っかかると大惨事にもなりかねない。

枝払い：片手と両手の違い

　斧は両手で使う方がコントロールしやすいのが常だ。木の枝を切るとき、とりわけ樹冠の密集している木では、個人的にはよく片手と両手を切り替える。このやり方を採用するなら、なおのこと体勢と足の置き方を正しく整え、障害物にも注意してしかるべきだろう。

木挽き：Ｖ型の切り口を作る

　目標となる木よりも勾配の高い位置に立ち、丸太が転がっても下敷きにならないようにすること。まずはＶ型の切り口を作ろう。切り口の幅は、丸太の幅の2〜3倍が目安だ。幅が狭すぎると結局は丸太がつながったままで、切り口にも木片が詰まってしまう。まんいち、丸太が転がってしまった場合に備えて、逃げ道を確保しておくこと。

木挽き：角度をつけて斧を振る

　木を割るときとは異なり、木挽きでは左右に角度（約35〜45度）をつけつつ、ごっそりと削り取っていくのが目標だ。

木挽き：ペース調整する

　丸太の木挽きは、特に大きい場合、かなりこたえる作業だ。また斜めに振っているので、斧が目標から外れてしまう可能性も高くなる。だからこそ斧の刃を鋭くした上で、あわてず行うのが大事だ。ひと振りごとにゆっくりと慎重に。疲れたり集中力が切れたりしたらやめよう。

木挽き：最後の一撃

　待ちに待ったこの瞬間。振った斧がV型の切り口を突き抜けるわけだが、そのまま斧を地面に落としたり、自分の体のほうに向かって来たりしないよう、しっかり気をつけること。また、最後の一撃を加えたあとの丸太の動きにも注意が必要だ。支えになっている枝のあるなしの再確認だ。転がるとしたらどの方向か。つながっていた丸太がぶつんと切れたとき、どんなふうに動き出すのか？

左図：切るべきか、切らざるべきか？　それが問題だ。

17. 木を切り倒す際の注意点

本章のタイトルを「なぜ斧で木を切り倒してはいけないのか」にしようかとも考えた。本書制作にあたって、木を切り倒す手順を記載するかどうかという点は、筆者と編集者のあいだでいちばん白熱した議論だった。木の伐採方法は確かに教えられるが、本書中ではなく、実際の現場でしか無理だと思う。映像や動画を見て木の切り倒し方を学んでみるのもオススメしない（動画自体はたくさんあるわけだけれども）。それに木の伐採がしたくて、そうする正当な理由があったとしても、どうか斧だけは手に取らないでほしい。できればクロスカットソーかチェーンソーを持つこと。それからいったん道具を置いて、電話を持ち、まずはプロに連絡することだ。

斧でできることのなかでも、木の伐採は最も危険な作業だ。木を切り倒す際に何か問題が起きれば、死に至るだけでなく、取り返しのつかない深刻な身体障害につながる可能性がある。筆者の友人には、木の切り倒し方を知らなかったために、下半身不随になってしまった人がいる。

木の伐採には、そのときそのときでいろんな要素がかかわってくるが、簡単にいくつか説明しておこう。みなさんがおそらく小さめだと思い込んでいる直径40cmの広葉樹の重量は、およそ1.5トンで、これは

木を
切り倒す前に
考えること

伐採の現実

小型車の重量に相当する。小型車を4.6〜9mの高さから落としたら、どんな威力があるか想像してみてほしい。木の伐採時には、自分の手を動かすだけで、ものすごい力が発生するのだ。そのとんでもない力が発生するすぐそばに自分がいるわけで、いったんその力が出てしまうと、もう後戻りはできないし、「元に戻す」ボタンも押せない。とどめの一撃で切りきってしまったら、その木が思いがけないところへ行くことだってあるのだ。

木を切り倒すにはもっといい道具がある

　かつては斧が唯一の道具で、だからこそ「伐採斧」（フェリングアックス）と呼ばれたのだが、今ではもっといい道具がある。ただし、伐採には依然として斧が欠かせない、というのは押さえておくべき大事な点だ。チェーンソーを使ったとしても、クサビの打ち込みや、引っかかって取れなくなったノコギリを外す際には、斧が入り用になってくる。

そんなに木を切り倒す必要がある？

　探せば十中八九、枯れた倒木や風倒木があるというのに、そんなに木を切り倒す必要があるのだろうか？　大量に薪がいるのなら、木の切り倒し方を知りたくなってもおかしくはない。でもそうなら、まず地元の森林管理局に連絡して、チェーンソーを使った木の切り方を学びたいのですが、どこへ行けばいいですか、と問い合わせればいいのだ。筆者は、セーレン・エリクソン主宰の「ゲーム・オブ・ロッギング」というアメリカと北欧各地で催されているチェーンソー講習会のファン（で熱心な生徒）だ。そこなら、きっと木の伐採の正しい技術と安全な手順を教えてくれるはずだ。

　これでみなさんが、木の伐採なんてとんでもない、と思うようになってくれればいいのだが。とはいえ、自分がやることへの理解と自覚さえあれば、（斧ではなく）ノコギリを使ってできることのなかでも、伐採はトップクラスにやりがいのあるスリリングな作業であることは、確かに間違いない。いい森林管理は、枯れた木と生きた木の両方をうまく間引けるかどうか次第だ。薪などが目的で木材を集めたいのなら、自然の力で倒れた枯れ木から手を付けよう。それから、ほかの木の生長を妨げる木や、安全を脅かしかねない木へと移っていく。その場合は、まずプロに依頼して実演してもらうことをオススメする。

木を切り倒してもいい理由

1 　自分がこれからやることを熟知している。

2 　クロスカットソーやチェーンソーを所持している。

3 　大量の木材を深刻に必要としている。

4 　念を押すが、深刻な必要性がある場合だけだ。

木を切り倒さないほうがいい理由

1 　自分がこれからやることもわかっていない。

2 　斧しか所持していない。

3 　別にたくさんの木材が必要なわけではない。

4 　倒木がそこいらにある。

5 　その木は下敷きになったら死ねるくらいの大きさ。

18. 小型の斧の使い方

本書の出版時点で、小型の斧がかなり大きく普及している（Best Made創設者の私は、数え切れないほどたくさんハチェットを販売してきた）。しかし、小型の斧は便利であると同時に、うっかりするとその危険性を忘れかねない。

最初に購入する斧が、たとえばキャンプ旅行のためや、薪割りやクリスマスツリー伐採用の万能ツールとして家に備えておくために購入したハチェットということもありえる。その小型の斧は、一生のうち少なくとも1回は役に立つわけだが、どちらかと言えば忘れられやすい。問題は、安全な使い方も知られないまま、（何百万とは言わないまでも）何十万という小型の斧が世界中に出回って保管されているという点だ。

小型の斧の危険性

小型の斧も安全な場所に保管し、大きな斧と同じく丁寧に扱うこと。子どもや友人、家族の手の届かないところに保管しよう。小型の斧を持って旅行する際は、安全な場所に保管しつつ、しっかりとカバーをつけた上で、紐でくくりつけること。小型の斧の使用時には、大型の斧と同じ基本ルールが適用される。斧の刃がなまくらになっていないか、周囲に何もないか、十分な視界が確保できているかを

小型の斧にも同じルールが適用される

チェックしよう。

　たいていは片手で小斧を使うことになるが、そうすると手持ちぶさたのもう片方の手が、自然と「手を貸したい」と思うことだろう。空いた手でこれから打つあたりの準備の手伝いをしたりするが、いざ斧を振るうときには、その片手はしっかり遠ざけるか、両手を使って切るようにすること。

かわいらしさに
惑わされるな

　小型の斧がどちらかというと「かわいらしい」からと、惑わされてはいけない。痛い目を見ることがある。大きな斧で手元が狂って的から外れても、たいていは自分の身体から離れたところに落ちる（おおむね地面に刺さる）。だが小型の斧で手元をミスると、体（すね・手・太もも・ひざ）に刺さる可能性がはるかに高い。現在地が僻地で医療機関が遠くにしかないときは、個人的には小型の斧を用いるならまず両手で、場合によってはひざをつくことさえある。ひざをつけば、逸れても足の大部分には当たらなくなるからだ。

　もちろん小型の斧は、大きめの丸太を削いで焚き付けを作るような、小さな仕事をするのにうってつけだ。ハドソンベイなどの小型の斧は、斧身が小ぶりなデザインになっているので、柄の首あたりを握れば、手を斧身のそばに置けて、結果として斧のコントロールがしやすくなる。

　アルゼンチンの伝説の料理人フランシス・モールマンがパタゴニアの離島で、ハドソンベイの斧を使って、得意のラム肉のアサードを即席料理として作るのを見たことがある。片手で斧をしっかりと握りながら、効率よくずばずば切り分けていった。今まで見たなかでも、いちばんコントロールされた小型斧の使いぶりだった。しかも木ではなく肉を切るために使用していたという事実から、ある要点がわかってくる。小型の斧は万能なのだと。ただし、どういう使い方をするにせよ、適用されるルールは同じなのだ。

ハチェットの使用時の安全対策

ひざをつく

斧の首を絞めるように

両手を使う

刃にカバーを

新しい柄を取り付けるために、
古い柄を穴から取り除く。

Maintaining
斧の手入れ

19. 柄の取付け

斧に柄を取り付けるのは、勇敢かつ気高い行為だ（英語ではこの取付けを、壁に掛ける行為と同じく「ハンギング」と言う）。斧身自体、鋭いながらも重く、扱いの難しい鉄塊である。柄は長い木の棒で、これだけでは斧身以上に役立たずだ。このふたつを組み合わせると、ささやかな奇跡が起こる。それが個人的にも柄の取付けの大好きなところで、いわば自分でイチから斧を作っているも同然だ。つまりは「奇跡の人」である。

木製・鋼製の道具ほど、時の試練を立派に耐えられるものはない。また、斧の修繕方法は、とりわけ万人に分け隔てないものと言えよう。柄の取付けは、普通の手工具数本で行える上に、必要なのは専門知識というより根気だ。使い古しの柄を、新品のヒッコリー材の棒で付け替えれば、結果として斧の使い勝手がよくなるだけでなく、その斧を持っていることに対して誇りも生まれてくる。

柄の取付けは、使い捨ての買い換えよりもメンテナンスの継続を推奨するという意味でも、伝統として続ける価値があるものだ。そうすれば、使わなくなった斧身も、少なくとももう1世代は使えるようになる。柄の取付けプロセスを見れば、ファイバーグラス製よりも木製の柄が優れていることもはっきりとわかる。ファイバーグラス製の柄

柄の取付けは
斧を作ることと
同じ

使い捨てで
買い換えるよりも
メンテナンスを
続けること

を二液性エポキシで埋めるよりも、1本の木をふたつとないその鋼材にぴったり合うよう加工する方が、満足感が増すことには異論ないはずだ。ヒッコリー材の柄は毒性が低いばかりか、交換後はたき火（または燻製機）に放り込んでもいいだろう。

怪力よりも
忍耐力

　ありえないことにも思えなくない。500回も振るったのに、斧身がすっぽ抜けないくらい、木と鉄がぴったり接合しているとはどういうことなのか？　最初の1回で抜けないのもそもそも不思議だ。たったひとり、わずかな道具だけで、柄穴に木片を打ち込んでしっかり固定することなど、どうやれば可能なのか？　そのためにはどれくらいの怪力が必要なのか？　そのプロセスの秘訣は、けっして怪力でも接着剤でもない。実際にはきわめて繊細な作業だ。そっとやさしく扱うのに近い。忍耐力や根気、そして適度な力加減が必要なのだ。

斧は
一体となって
機能する

　研ぎと同様、柄の取付けのコツは、まず忍耐とそれなりの時間だ。最初の1回からうまくいくと思うなら、最初に付けた柄がいつまでも使えると思えるのなら、悩まない方がマシというものだ。上達には努力が必要だが、手の込んだ木工技術や道具はなくていい。柄の取付けとは、木を削って、斧の柄穴にぴったり合うよう柄のかたちを整え、そっとやさしく差し込むだけだ。上達も特に最初のうちは少しずつなので、ちょうどいい具合に入るまで柄を斧身に何度もはめ直すことがあったりする。上手になればなるほど安定してくる。最後にクサビを打ち込むわけだが、そこでそれまでの失敗や手抜かりが取り戻せるなどとは思わないように。斧は全体が一体となって機能するものなので、木と鋼の接合に継ぎ目がないほどよくなってくる。一体になれないまま綻びができると、そのぶん先々に問題が発生しやすくなるわけだ。

柄の取付け：始める前の準備

　刃研ぎと同様、まずは適切な道具から始めよう。自分の場合は、鬼目ヤスリ数本、木槌1本、木工万力、ドリルまたはボール盤、ノコギリ（糸ノコ・帯ノコ・日本の片刃鋸など）も入る。消耗品としては、予備のDIYクサビ、木工用接着剤、アマニ油も必要になってくる。もちろん最重要なものとして、交換用の替え柄が必須だ。今ではネット上にいい情報源があるから、もしやりたいなら木材から柄を自作してもいいだろう。

ステップ1: 切り離し

　柄の取付けが必要になるのはほとんどの場合、斧の柄が壊れたためなのだから、まず最初にやるべきは元々の柄を引き抜いて、新しい柄を差し込めるようにすることだ。そのために、ノコギリが必要になってくる(今回は帯ノコを使っている)。ちなみに折れたり割れたりした柄を修繕するのは、十中八九ただの時間の無駄になるし危険だ。そうするくらいなら、真新しいものに取り替えたほうがいい。

ステップ2：ドリルで穴開け

　斧身から古い柄を取り除くのは、意外と難しいこともある。古いものだと、もう完全にくっつき
きっているように見えるものさえある。こういうときはドリルを使って、柄穴をふさいでいる木材
をあらかた掘り出してしまうといい。ただし、金属製のクサビやクギ・ネジなど、長年にわたって
斧身を固定してきたあれやこれやの部品が詰まっていることもあるので、くれぐれも注意しよう。
何をするにせよ、柄を燃やして崩すのはやめたほうがいい。鋼の焼き戻しが台無しになってしま
いかねないからだ。

ステップ3: 斧身のはめ合わせ

　柄の取付けの際、かなり面倒で時間のかかる作業が、柄を柄穴にぴったりはめ合わせることだ。この斧の穴は、完全にまっすぐな円筒状にはなっていない。むしろ先細りになっていることが多く、そのため何度もはめ合わせをし直したりする羽目になる。やり始めた段階で、斧身が柄ヘストンとすべり落ちてしまうなら、つまり柄が小さすぎるということだ。むしろ、ヤスリで木を削ってようやく柄が部分的に斧身に入る、くらいでちょうどいい。

ポイント：柄のつっかい

　万力を使って柄の取付けを行う際、斧身を木槌で叩くと、その下向きにかかった力がすべてそのまま流れてしまうことがある。これは斧を万力に固定したとき、床とのあいだに若干の隙間ができるためだ。(万力以外で) 何か力を受けてはね返すものを挟んで、斧のつっかいにすることが重要。今回は小さな廃材を用いている。

ステップ4: ヤスリで削ってサイズを合わせる

　下図で、柄の側面に黒い跡があるのがわかるだろうか？　これは斧身をはめ（て木槌で叩い）たとき、柄穴の内側で擦れてできた跡だ。この跡が大事な指標で、斧身と柄が接触していることを示すものだ。鬼目ヤスリで削って、この跡を消していこう。削ったあと、斧身を再びはめると、柄がどんどん奥まではまっていくはずだ。

ステップ5: 逆さにする

　斧身が柄肩近くまで入るようになったら、（斧身がしっかりはまったまま）斧を万力から外して、上下をひっくり返そう。木槌で柄の台を叩くわけだが、一撃ごとに斧身が重力に逆らうかのように不思議とずり上がってくる。このステップを入れることで、上から叩くよりも、はるかに確実で効率よく斧身をはめられる。

ステップ6：クサビを合わせる

　パズルの最後のピースがクサビだ。クサビがカーフスロット（柄の上部にある切り込み）の隙間をできるだけ埋められるようにすることが目標。まず、クサビの両端を切り落とし、クサビの幅がカーフスロットにちょうど合うようにする。そして斧身が柄肩にしっかりはまっている状態のまま、手でクサビをカーフスロットに差し込む。

ステップ7: クサビをたたき込む

クサビの全体がカーフスロットに入らなくてもよく、むしろはみ出るくらいがいい。クサビの長さが足りなくなると、斧身と柄がうまく一体化してくれなくなるし、クサビをはめ直す度にまた柄を削らないといけなくなってくる。クサビがカーフスロットの隙間に収まったら、木槌でクサビを叩いていこう。クサビが折れてしまわないよう、木槌を叩く際は斧と平行にすること。

ステップ8: はみ出たクサビを取り除く

　クサビがこれ以上奥には入らないようになったら、はみ出た部分を取り除こう。はみ出た部分を数cmほど残しておく人もいる。これは、何時間か切ってみたあと、斧身に少し遊びが出てきてしまった際、クサビをさらに押し込んで斧身の再固定を行うことを想定しているからだ。はみ出た部分を切り落としたあとは、柄穴から見えている木目部分にアマニ油をたっぷり塗るか、一晩ひたすかしておくことも忘れずに。

ダドリー式・斧用万力

作業台にちゃんと固定されないまま斧を研ごうとすると、楽しいメンテナンスもまったくの苦行になってしまう。いちばん簡単な方法は、作業台の縁沿い2ヵ所に柄の固定する場所を作って、刃の下に余ったクサビを挟んで斧腹のつっかいにすることだ。この配置にすると、研ぐ際の動きでスレたりぐらついたりするのも防げて、刃の表裏の切り替えもかなり素早くできるようになる。台万力だけで斧の刃を縦向きに固定する人もいて、確かにそれなら最速で置き直せる。とはいえ、横向きにして研ぐほうがむしろ自然で、研ぐプロセスも見やすくなるのは明らかだ。Best Madeの斧の店でかつて職人もしてくれた木工の匠ピーター・ダドリーは、筆者が試したなかでも、いちばん効率のよい独創的な作業用の治具を考案している。蝶ボルトと台座付きのシンプルな細長の万力を横向きに取り付け、作業台の端で位置を合わせる。刃と柄の両方が当て物で支えられ、角度も適切に保たれるようになっている。縦についた2本の棒のおかげで、置き直す際にも位置がずれない。試行錯誤を経て改良されたエレガントかつシンプルな治具であるダドリー式斧用万力は、どの工房でも簡単に再現可能だ。

レストア前

レストア後

20. レストア

レストア（修復・修繕）は、本書中でもかなり大事なスキルだ。死んだ道具を復活させる。その遺産をあとに引き継ぐ。しかも（かなり安く）新品の斧を入手できる。しかし、このテーマにもやはり議論はある。赤サビ落としに、薄めていない酢のような強酸を使うべきなのか？　そもそも斧は元の状態に戻したほうがいいのか（それとも"もっといい"状態にすべきなのか）？　その来歴（つまり傷跡）もそのままに保存する努力をしたほうがいいのか？　これはアートや建築の世界でも同じく論点となるものだ。

斧をレストアすると言っても、そのレストアが、状態にかかわらずとにかく保存するという意味になることもあれば、斧のかたち全体を整えてしまう（つまり背広の毛玉を取るように、斧にできた金属のヒゲをすべてきれいにしてしまう）というニュアンスの人もいる。筆者はどちらかというとその中間で、Best Made斧レストア講座の立ち上げに協力してくれたニック・ズドンも同様だ。こうした振れ幅があることは認めたほうがいいだろう。それにまた、斧のレストアはそもそもシンプルに楽しく、やりがいのあることも否定しないほうがいい。

いちばん厄介なのが、レストア対象にする斧候補の見極めだ（中古の斧の購入については127ページ参照）。誰しもに自分なりの基準がある。たとえば、eBayでブランド名のない中古の斧を見つけたとす

レストアを
どこまでやるか？

る。(スクロールしていて目に留まり、値段もそれほど高くなかったので) 酢に浸して赤サビを落としてみるのはどうだろうか？　だが祖母の斧など受け継ぐ価値のある斧のレストアで、斧身の黒サビや木材の傷みもそのままにしたいというなら、スチールウールたわしや、真鍮のワイヤーホイールをつけたアングルグラインダーを使うのがいいだろう。黒サビも、モノや物語という観点では一種の保存剤なのだ。

サビは 思っているほど 悪いものでは ない

　友人のニックは、自分の店やBest Madeで何百という斧をレストアしてきたが、いつもあまり使用感 (あるいは酷使感) のない斧を探す。打ち付けられて斧頭が軽くひしゃげただけとか (繰り返しになるが斧頭は重量のバランスを取るものであってハンマーではない)、刃先のすみが折れているだけとか。それくらいの問題なら、斧身のかたちさえよければ、レストア候補としてもいいものになってくる。経年具合もひっくるめて、その斧を気に入ったほうがいい。赤サビもそこまでのことではない。取り除けるのだから。柄の状態もたいしたことではない。付け替えればいい。ただ必要なのは、いいかたちの斧身、ラインがくっきりしてきれいな斧身、研がれすぎていない、"レストア"されすぎていない、酷使されていない斧身なのだ。

　酢について。問題は金属まではげて (腐食して) しまうという点だ。そうすると暗灰色になって、斧身内部のさまざまな金属まで丸見えになってしまうこともある。ただし、その件はオイルを数回塗ればたいていは解決する。レストアに手慣れると、自前の電気分解機で赤サビ取りをする人もいる。また、グラインダーで赤サビ落としも可能だ。適切に行えば、それがいちばんやさしいやり方と言える。やり方を間違えば、いちばんひどくなるのだけれども。

レストアは 一種の実験

　ここで要点がひとつ。斧は、平かんなのように精密に製造されたものではない。斧は鍛造されたものであって、長い年月を経れば金属もはがれていく。実験してもいいのだ。ましてや失敗したっていい。本書の基調はこの道具に対する一種の敬意だが、斧のレストアにハマってもらってもいっこうに構わない。その過程で得た技術や知識は、今後のレストアをもっとスムーズにしてくれるだろう。だからこそ、筆者は中古の斧の購入時には、まじめに価格の限度を設定しているのだ。

斧のレストアにおける薬剤と研磨材の比較検討

放置されていた斧身の赤サビ落としを行う際、ふつうは薬剤派と研磨剤派のふたつに分かれる。

薬剤

食用ホワイトビネガー

リンゴ酢

重曹とレモン汁

シトラス溶剤
（リモネン液）

毒性のない
サビ取り剤

酸性の清涼飲料水

薬剤を使うやり方では、弱酸性の液体を用いて赤サビを溶かす。こうした酸は、酸化第一鉄と反応して塩を生成して金属表面から流れ落ちていく。とはいえ酸には腐食性があるため、放置すると、露出した鉄のきれいな表面まで蝕み始めてしまう。確かに、ちょうどいい時間だけ酸に浸せば、赤サビが表面から落ちる上に、うまく酸化皮膜ができて鋼がサビにくくなる、といういい案配もあるにはある。ただし、このいい案配をちょうど作るには、注意深く見守っていないといけないし、見守りもせずに斧身を酸のなかに放置したままにするのもオススメできない。やはり薬剤を使うのであれば、「科学実験を楽しむ」ことだ。たとえば、斧をリンゴ酢に浸すのと、ホワイトビネガーに浸すのとでは、比較するとまったく違う結果になる（実験結果は自分でやってみて確かめてほしい）。終了後は、使い終わった酢を排水溝に捨てること。

研磨材

電動グラインダー

ベルトサンダー

仕上げサンダー

ワイヤーブラシ

サンドペーパー
（紙ヤスリ）

サビ取りのまた別の一派が、薬剤を使わずに、機械や手工具を用いて赤サビを落とす研磨材派だ。いちばん金属を痛めにくい道具が、鉄よりもやわらかく表面にも傷がつかない真鍮製のワイヤーブラシだ（ブラシの毛が真鍮コーティングされたワイヤーでなく、本物の真鍮である点を要確認）。手に持って使える真鍮製ワイヤーブラシならどんな状況でもまず安全だが、今回の用途では、卓上ドリルや卓上グラインダーに取り付けたワイヤーブラシが適切な器具となる。ワイヤーブラシは、鋼材表面への影響を最小限に抑えながら赤サビを取り除く。そのため、鍛造プロセスや経年変化特有の点食（点状の腐食）もそのままにできる（私はこの点食の風合いが大好きなのだ）。ただしこのやり方の場合、とりわけ刃まわりに注意を要する。研磨の作用で鋼が熱されすぎると、焼きが戻ってしまう。電動研磨機の設定を最低速にして、低い粒度から始めること。年季の入った斧の刃の特徴を引き立てるためにも、刃の側面にはワイヤーブラシを使い、刃先周辺の清掃にはサンドペーパーだけを使うようにすることだ。

ステップ1：酢に浸す

　浅めの（斧身よりは深い）トレイにお好みの酢を注ぎ、斧身をつけ入れる。斧身を酢に浸したまま、12〜24時間ほど何も手をつけず放置する。12時間経ったころ、斧身を指でなぞってみて、あまり赤サビが取れないようなら、さらにそのまま放置。

ステップ2: まずはこする

　天然ゴムの手袋をはめて、斧身を酢のなかから取り出す。手袋がないと、酢と赤サビの溶液では手を痛めはしないが、汚れてしまう。次に、家庭用掃除用品（スチールウールたわし、不織布スポンジ、ソープパッドなど）を使って、斧身をやさしくこすること。斧身の各面に加え、柄穴の中もしっかりこすろう。

ステップ3：すすいで、またこする

数分後には斧身が姿を現し、きれいなペーパータオルで簡単に赤サビを拭き取れるはずだ。斧身をきれいに拭き取ったあと、引き続きこすり洗いを行う。下図のように、この斧身には青くペイントされたなごりがある。赤サビの下から出てきた塗料や黒サビ、汚れなどは、残すか取り除くか好きにしていい。

ステップ4: 繰り返し

　サビが特に頑固なら、もう少し長めに酢に斧身を浸す必要も出てくる。別案として、ここでさらに強力な研磨材を使ってみてもいいだろう。ただし、斧の刃と削り具合には注意してほしい。

ステップ5：研磨

　斧身のレストアでは、研磨材をだんだんと細かくしていくのが理想だ。下図は、800番の
ウェットドライサンドペーパーで斧身を磨いているところ。どこまでレストアするかは、どれくら
いこすり取るか次第でもある。十分な時間（とサンドペーパー）があれば、斧を鏡面仕上げにす
ることも可能だ。

ステップ6：仕上げ作業

　下図のように、斧に使用感の風合いが残るくらいが筆者の好みだ。斧身がほぼ完成したので、あとは（またサビるのを防ぐため）鉱油を塗れば、新しい柄を取り付けて研ぎに入る準備も万端。すぐにサビが出たりしないようしっかりと乾燥させ、ただちにオイルを塗ること。

21. 装飾

斧を不格好にするのはかえって難しい。どれだけ繊細な感覚を持つ斧の使い手でも、その点は否定できないだろう。それというのも、斧身と柄の取り合わせだけで、ほかのいろいろな工具ではふつうないような、ヴィジュアル面の魅力も持ち合わせたツールになるからだ。その斧がどんなにひどくても、見るぶんにはやはり気持ちがいい。斧身の形状が気に入らないものでも、100年ばかり押し入れに入ってサビていたものでもだ。

しかも斧の見た目はいつでも向上させられる。まさにその点から、筆者は仕事に取りかかったのだ。Best Madeで出した最初の斧にペイントを入れたのは、その道具を愛していたからだ。その道具に敬意を表しつつ、みんなにも愛してもらいたかった。そののち、何千本もの斧を販売し、世界中に出荷し、そこを中心にしてうまくビジネス全体を盛り立てていった。あざやかにペイントされた斧に、すばらしい効力があることが実際にわかっている。Best Madeの経営中、自分の斧（または祖父の斧）に自分で装飾を施してみたと、誇らしげな顧客から、数え切れないほどのメッセージや写真を受け取った。斧の柄の先端は、まさに真っ白なキャンバスのようなものなのだ。

真っ白な
キャンバス

柄は、あざやかなペイントを施すほかにも、詩を彫り込んだり、表面を焦がしたりもできる。ただし美しくするだけがポイントではない。

装飾は確かにひとつのアートなのだが、道具とその使用に必要なスキルに対して敬意を表すことでもある。しかも、同日生産で同じに見える斧でも、そうした柄をすげれば、斧自体に固有性が出てくる。

斧愛のあかし　　その行為は、リボルバーの銃身に刻まれた細工や、P-40戦闘機の機首についたサメの歯と同様のもので、これからも続く豊かな文化の一部となるはずだ。人類は道具を発明すると、時を同じくしてその道具に装飾を施してきた。おそらく、装飾という行為のおかげで、実用的なものの内側にある美も愛せるようになるからだろう。

まさしく強烈な感情で――斧の販売が始まって以来、斧メーカーはこの感情をうまく利用してきた。19世紀半ばから20世紀初頭まで続いた斧の黄金時代には、装飾はマーケティングのツールでもあった。製造元は斧腹に直接ラベルを貼り、商品名とメーカー名、どこの町で斧身が鍛造されたかなどが必ず記された。こうした記載情報の背景には、のどかな自然の風景や、そびえるセコイアの巨木、丸太のたまった河口などが描かれていたり、たいへん手の込んだタイポグラフィが添えられていたりして、華やかなものだった。アンティークショップに行くと運が良ければ、斧に貼られたこの種のステッカーの名残が見つかるだろう。無傷のままで見つかるなら、まずめったに使われなかった斧ということだろう。

裏にあるものの
理解　　装飾には、不備を隠す効果もある。斧身を塗料に浸したものがあるが、これでは斧の製造過程がわかるはずの証拠がたくさん覆い隠されてしまう。斧身の鍛造の跡だけでなく、斧の柄穴やクサビやカーフの破損なども見えなくなる。グレンスフォシュ・ブルーク社の斧は、かつて斧身が青塗りだった。そんななか、伝説の斧職人ガブリエル・ブランビーは、1982年に会社を引き継いだ際にこの塗装を廃止し、鍛造職人それぞれに自分のイニシャルを刻印させるようにした。そのおかげで、グレンスフォシュ社に透明性が出てきて、品質も飛躍的に向上した。

今度、アメリカ西部の林野火災の消防士や、ニューヨークの街中で活動する消防士の映像を見るときには、その手で振り回している斧にも注目してほしい。よく見ると、おおむね柄の斧身にほど近い部分に

ストライプが何本か入っていて、その斧がどの隊員のものか、どのハシゴ隊のものかがわかるようになっている。まさしく斧によって生死が分かれる消防士たちにとって、これは連隊のシンボルなのだ。

　筆者が目にしたなかでもひときわ印象に残っているのは、柄の部分にシンプルなフレーズがざっくりと刻まれた斧だ——「コレハ　オマエノ　モノナラズ」。この珍品の持ち主は、アイダホ州のフランク・チャーチ自然保護区で出会った、ラバをつれた荷物運搬人だった。そのときでさえ誰のものでなく、今後も誰のものにもならない。今の彼もわかっている。そしてその斧の至近距離に入った誰もが理解したことだ。まさしく斧の詩で、その運搬人をピューリッツァー賞に推薦したいくらいだった。ただ残念なことに、持ち主にその斧の名前を尋ねそびれてしまった。きっと名前がついていたはずだと思う。身近で大切なものには、名前があるものなのだ。

　レストアと同様、斧の装飾で得られる最高なことのひとつに、達成感がある。筆者はささやかなガレージ（次ページ参照）にて、100ドルにも満たない資材だけでBest Madeを始めた。初期に販売された斧も、現在のBest Madeの斧と仕上げ方はほぼ同じである。ジェッソを塗り、ヤスリをかけ、細かくマスキングした上で、エナメル塗料のスプレーを噴いて、スパーワニスを数回塗って仕上げる。斧をひとつひとつ手にとって、塗り重ねながら道具を素晴らしいものへと高めていくのが私は大好きだった。自分のやり方で完成させていくことで、本当の達成感が得られた。新色や新規パターンを試すのも楽しかった。それに、もしうまくいかなくても、ヤスリで削って最初からやり直せばいいというのもいいところだった。作業がどんなに簡単でも複雑でも、仕上げのワニスを塗ったあとにテープを剥がして、自分の作品を目のあたりにする、この瞬間に勝るものない。

達成感

Best Made流の装飾法

これは2009年の春、筆者の工房で撮った写真だ。筆者の塗った最初の11本の柄で、創業したばかりのブランドであるBest Made社の足がかりとなったものだ。右ページは、そのあとすぐに作成したポスターで、柄の初期ラインナップ宣伝用のイメージ見本表である。このとき、柄の下3分の1しか塗らなかった。つまりどういうことか？　何というか、この部分には塗らないといけない、と感じたのだ。ここでは、海洋や軍隊を思わせるような、大胆なグラフィックアート調の色彩と模様を活用した。以前から水玉模様に夢中だった筆者は、「水玉模様の斧を作るためにBest Madeを始めた」と人に話すことさえある。工房から出荷する前に、その斧に名前をつけた。「フェイマスレッド」には、赤の色で市場を席巻したいという思いを込めた。「ペールメール」は、セントラルパークに住むことで知られるアカオノスリ（鷹の仲間）にあやかった。「フラッシュマン」は子どもの頃に読んだ物語のヒーローにちなんだ。「オールドリーキー」は、お気に入りの都市（エディンバラ）のあだ名から。そして「コナッハー」は、子ども時代の師匠へのオマージュだ（23ページ参照）。斧はストーリーを物語るものだと思っていたので、そのきっかけとなる名前が必要で、そして顧客の手に渡ったあとは、すぐに自分たちで生み出してくれるだろうと考えていた。

BEST MADE

368 BROADWAY #514
NEW YORK, NY
10013

BESTMADECO.COM

FAMOUS YELLOW

FAMOUS BLUE

FAMOUS PURPLE

FAMOUS GREEN

CONACHER

HI-LO

ZEPHYR

FLY-HALF

OLD RADIANT
BEAUTY

ROYAL STANDARD

PALE MALE

AULD REEKIE

BIG SUR

MOSS THUMPER

FAMOUS RED

FIRTH OF FORTH

JIM DANDY

FAWN'S FEATHER

PIOBAIREACHD OF
DONALD DUBH

HANDSOME DAN

CANUCK CLIPPER

DREADNAUGHT

DILEAS GU BAS

FLASHMAN

(PICTURED ON
FRONT)

ステップ1：ヤスリがけ

　ほとんどの斧は、新品であっても最初から整え直す必要がある。仕上げサンダーやサンドペーパーを使って、残っているワニスや汚れ、跡などを取り除く。まずは目の粗い紙ヤスリ（400番）から始めて、徐々に目の細かい紙ヤスリ（1200番）へと変えていくこと。仕上げサンダーを使う場合は、長いストロークで動かし、削りすぎないように気をつける。また、このヤスリがけは、柄の形を整える機会でもある。

ステップ2：テープ貼り

　青いテープで、どこまでペイントするか、そのポイントをはっきり決めること。貼り方も、1本帯といったシンプルなものから、チェック柄などを目標にした複雑な重ね合わせなど、色々ありえる。仮止め用の丸シールを使えば、水玉模様も作れる。個人的には、柄の下3分の1だけ塗装して、残りをそのままにするのが好きだ。全体をペイントすると、柄のグリップが効きすぎてしまう。

ステップ3: ジェッソ塗り

　スポンジブラシを使って、ジェッソを2〜3回塗る（厚く塗るほど表面が滑らかになる）。ジェッソはそもそもアーティスト用の下地塗料で、ふつうキャンバスの下塗りに用いられるものだ。塗り重ねのあいだに、目の細かいサンドペーパー（1200番）でヤスリがけすること。ジェッソのパッケージ記載の手順に従って乾燥させよう。

ステップ4: マスキング

　新聞紙や不要な紙を使いながら、柄の露出部分（ジェッソを塗っていない部分）をマスキングすること。スプレー塗料は、隙間や亀裂から入り込む性質があるので、塗装したくないところはとにかく保護することが重要。

ステップ5：塗料噴き

　作業する場所の風通しをよくしておくこと。フィルター交換可能な小型ポータブル送排風機を使用すれば、ガスはほとんど外に出せるが、不安なときは野外で行おう。新聞紙や布などで作業場の周囲をしっかりと保護すること。エナメル塗料用のマスクを着用し、薄く何度も塗料を噴くこと。時間をかけて、液だれにも注意しよう。

ステップ6：ワニス塗り

　スプレー塗料が完全に乾いたら、スポンジブラシでワニスを重ね塗りしよう。個人的には、耐久性がいちばんで光沢感もあるスパーワニスを使っている。また、ＰＵコーティングを用いることもあり、仕上げ方も一様ではない。（注：全体にワニスを塗るのは避けること。木材にも呼吸が必要だ。下3分の1はワニスを塗ってもよい。塗装を保護するとともに、グリップ力を高められる）

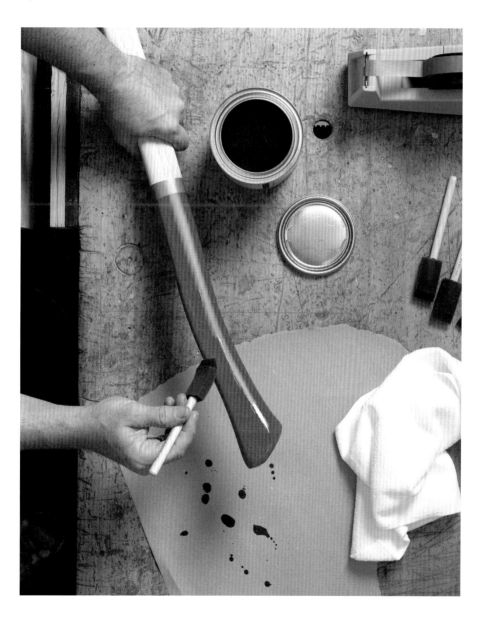

ステップ7：オイル塗り

　最後のステップは、柄の露出部分にオイルを塗ることだ。スポンジブラシでアマニ油のボイル油を、斧身の柄穴から見える木目部分と柄に2〜3回塗る。余分なアマニ油を雑巾やペーパータオルで拭き取るが、そのままほかのゴミとは一緒にしないように。（重要：アマニ油が付着した雑巾やペーパータオル・布は、メーカーの注意書きや自分の住んでいる自治体の指示に従って廃棄するか、屋外に干して乾燥させること）

日本流の焼柄

焼杉板（SSB）と呼ばれる日本古来の技術を応用して、ピーター・ダドリーがプロパンガスのトーチバーナーを使って、フェリングアックスの底端を焦がしているシーンだ。この技術は、木材を硬くして不純物を取り除くだけでなく、信じられないほど黒の深みを引き出す。お好みに焦がしたあと、雑巾で拭いて、ワニスやアマニ油を塗る。ペイントされた斧とは異なり、SSBスタイルで装飾された斧は、けっして欠けたり変色したりすることがない。

安全な斧には安心感がある。クーバー・ヒル・アックスワークスがレストアした筆者自慢のスノー＆ニーリー社の森林踏査用の斧には、売れ残り品だがこうした美しいアメリカ林野局のブレードガードが付いていた。

22. 保管、取り扱い、維持管理

斧を丸太に刺したままにしておくのは、画にはなっても、斧の保管方法としてはひどいものだ。短期の保管であれば、刃をきれいに拭き取り、軽く油を塗っておくこと。鉱油が最適だが、かすの残らない非重合性のオイルなら何でも使える。柄を触った感じが乾燥しているなら、アマニ油のボイル油でこすること（雑巾の捨て方については228ページ参照）。目安としては、1週間なら1日1回、1ヵ月なら週1回、1年なら月1回のペースで柄に油を塗ろう。その時点で、柄には十分に染みこんでいるため、あとは必要に応じて油を塗るだけでいい。短期なら、斧をカバーやケースに収納してもいいだろう。ただし短期の場合に限る。革カバー、特に内側がざらざらしているカバーは、その毛穴から湿気が吸湿されてこもってしまうので、時間の経過とともに鋼材を確実に劣化させてしまう。

長期の場合、たとえば薪割り斧は夏のあいだに片付けておくとか、ほかの斧を優先して使っているとかの事情であれば、柄と斧身の両方にしっかりとオイルを塗っておこう。夏用のエンジンオイルのように粘性の高い油を好む人がいると聞いたこともある。ワックス製品を使って、湿気から鋼材を守るのもいいだろう。年単位での保管なら、湿気のこもらない場所に斧を置いておけば、鉱油を全体にひと塗りするだけで問題ない。風通しのいい小屋に吊るしておくのもよさそうだ。斧をちゃんと安全な場所にしっかり保管することが肝要だ。

斧の運搬はわかりやすい。刃を保護すれば、自分の身も守れる。手持ちで運ぶのなら、斧身のすぐ下の柄肩の部分をつかもう。ここを握れば、刃先のコントロールがいちばんしやすくなる。斧を自分の肩に引っかけるのはかっこいいかもしれないが、もし先がふらついてブーツにでも刺さってしまったら……かっこいいどころの話ではない。日頃から注意を怠らないようにしていれば、（木こりなら）材木を探しに出るとき、（木こりでないなら）薪になりそうな木を探しにいくときにも、斧をカバーなしで持ち歩いたりもできる。少しでも安全面に不安があるのなら、不便でも斧にカバーをつけておくべきだろう。斧を鞄にしばり付ける場合は、柄肩・握り突起・刃の3点を固定するようにすること。こうしておけば、柄が鞄の外へと飛び出ることも防げるし、刃の向きが変わって鞄から突き出ることもない。ほかの道具一式と一緒に運ぶ際には、帆布バッグなら斧の不要な摩耗も防げるし、ルーフラックやサドルラックなどの大きめの荷物置きに括り付けてもよい。

参考文献、クレジット、取材協力

BOOKS, CATALOGS, PAMPHLETS:

The American Axe and Tool Co. Catalog, 1894

The Ax Book: The Lore and Science of the Woodcutter (formerly published as *Keeping Warm With an Ax*, 1981), by D. Cook, 1999 (Alan C. Hood & Company)

Axe Manual, Peter McLaren, 1929 (Fayette R. Plumb)

Camping in the Old Style, David Westcott, 2009 (Gibbs-Smith)

Axes, Oxen, & Men, by Lawrence C. Walker, 1975 (The Angelina Free Press)

Axe Makers of North America, by Allen Klenman, 1990 (Whistle Punk Books)

Yankee Loggers: A Recollection of Woodsmen, Cooks, and River Drivers, by Stewart H. Holbrook, 1961 (International Paper Company)

Northeastern Loggers' Handbook, 1951 (US Department of Agriculture)

The Axe and Man, by Charles A. Heavrin, 1998 (The Astragal Press)

The Axe Book (pamphlet): Gränsfors Bruks, 2010 (Gränsfors Bruks)

American Axes, by Henry J. Kauffman, 1972 (Masthoff Press)

Early Logging Tools, by Kevin Johnson, 2007, (Schiffer Publishing)

To Fell a Tree, by Jeff Jepson, 2009, (Beaver Tree Publishing)
『「なぜ?」が学べる実践ガイド　納得して上達！伐木造材術』ジェプソン著、2012年（ジョン・キャスライト、川尻秀樹訳、全林協）

The Wood Burner's Encyclopedia, by Jay Shelton, 1942, (Vermont Crossroads Press)

A Reverence for Wood, by Eric Sloane, 1965, (Funk & Wagnalls)

Understanding Wood, by R. Bruce Hoadley, 2000, (The Taunton Press)

Holy Old Mackinaw, by Stewart H. Holbrook, 1948, (The MacMillan Company)

Once Upon a Wilderness, by Calwin Rutstrum, 1973, (The MacMillan Company)

INTERVIEWS:

Art Gaffer, Julia Kalthoff, Larry McPhail, Liam Hoffman, Mark Ferguson, Matt Bemis, Nick Zdon, C.W. "Butch" Welch, Harry Prouty

LOCATIONS:

The Division of Engineering Programs at the State University of New York at New Paltz

Hoffman Blacksmithing, Newland, North Carolina

Gränsfors Bruks, Northern Hälsingland, Sweden

Wetterlings, Storvik, Sweden

Mizuno Seisakujo, Sanjo, Japan

Diamond Machining Technology, Marlborough, Massachusetts

Tennessee Hickory, Loudon, Tennessee

US Forest Service, White Mountain National Forest Saco Ranger District, New Hampshire

Brant & Cochran, Portland, Maine

Stumpy's Ridge, Catskill Mountains, Andes, New York

Lorry Industries, Denton, Maryland

Cutts Island Trail, Rachel Carson National Wildlife Refuge, Maine

OTHER CREDITS:

The axe on the cover is an axe I found at Liberty Tool in Maine. The helve is hand-hewn. The maker and date are unknown. **The axe on the first page** is a Best Made Company American Felling axe, used by trail crews in the US Forest Service at the White Mountain National Forest, Saco Ranger District. The blade guard is made from tire inner tube and a discarded axe helve held together with duct tape.

ニューヨーク州アンデスにある筆者の野外アトリエ兼製品試験場「スタンピーズ・リッジ」の現場裏側

謝辞

ある意味、本書の始まりはずいぶん前のことだ。ミネソタ州北部で開いたデザイン会議の場で、ニック・ズドンと野外の焚き火で差し向かいになったときの話だった。その夜、ニックと私が話した内容も正確には覚えていないが、きっとデザインやアウトドア（あとはおそらくウィルコのリードシンガーでニックそっくりのジェフ・トゥイーディ）に関係することだろう。このふたりの雑談が、最終的にはBest Made社と本書に結実した。

この10年間で、私はそれこそ大量の斧を売ってきたが、3本目に売れた斧（商品名「フェイマスレッド」）は、ニック・ズドンに販売したものだった。その斧を初期の粗末なパッケージに入れて送ったところ、お返しに長々としたデザイン案が（勝手に）送られてきて、パッケージの品質向上方法が細かく説明されていた。これが一緒に働き始めたきっかけだった。ほどなくニックはBest Madeにフルタイム入社し、（斧の修復をはじめとする）顧客体験プログラムの考案者となった。そして筆者が本書を書き出したとき、最初に連絡をくれたのもニックだった。本書の制作にも直接協力してくれて、その活躍は146ページに掲載されている。しかし本当は、ニックの協力は3本目の斧を購入してくれたときから始まっていたのだ。本書のベースになっているのは、私たちふたりの10年間の下手の横好きが凝縮されたもので、誰よりもニックが筆者に教えてくれたことをみんなと共有したくて書いたものなのだ。

ロス・マキャモンは、本書を文章面で支えてくれただけでなく、それ以外にも多くのことを教えてくれた。ロスはある意味では理想的な執筆の共犯者だ。私の低レベルでぐちゃぐちゃした考えの多く（つまりはほとんど）を、その筆と編集で引き上げてくれた。この企画を通じて、私はロスに斧の手ほどきのようなことをした一方で、彼からは文章の書き方を教わったのだ。一生、恩に着る。

本書の企画元の執筆に手を付けたときは、筆者もBest Madeを辞めたばかりで、スタート地点に戻っていた。あるのは自分と数十本の斧だけなのだ。新しいチーム集めということで、まずエージェントのニコール・トーテロットに連絡を取った。ニコールがいなければ、企画書も本書も完成しなかっただろう。この企画に乗り気になってくれた最初の人物であるばかりか、ともにかたちにして、適切な人の手に渡るよう奮闘してくれた。

本書の出版元であるエイブラムズほど、適切な共同製作者はなかった。エイブラムズ社のみなさん、特に編集者のレベッカ・カプラン、そして私を迎え入れてくれたデビッド・キャシオンとマイケル・サンドにも感謝したい。その投資と信念こそ、この企画成功のための最高の免状となった。

本書には、比較的書きやすい部分もあるにはある。ただ、斧の科学の話になると、化学・工学・冶金学・生物学など、そのままでは越えられない分厚い壁にぶつかった。そこで声をかけたのが、マイケル・ゲッツだった。マイケルはかつてBest Madeの小売り担当で、彼から毎晩送られてくる店舗レポートを読んだ末に、私はマイケルをバックオフィス業務へと昇進させた。そのあとはコピーの執筆や、製品エキスパートとして顧客サービスを担当した。マイケルはBest Madeを退職し、現在は博士

号取得を目指して頑張っているが、それでも時間を見つけては膨大な量の調査や文章を本書に提供してくれた。

エレノア・ヒルデブラントは、早くから本書の協力者だった。技術誌『ポピュラーメカニクス』に以前在籍していたこともあり、その頭脳の助けを借りられたのは幸いだった。エレノアは長時間の調査とインタビューを行い、それこそに手に負えない経緯のあるこのテーマをうまく整理してくれた。

ピーター・ダドリーが本書に果たしてくれた貢献はたいへん大きく重いもので、本書企画以前からのものだった。Best Madeの斧の生産拡大に私たちが5年ほど苦労したあと、その事業を引き継いだ彼は、斧を純粋な傑作に変え、ただの工房を整備万全のマシーンへと変貌させた。その才と知識は、斧の装飾技術を超えたものがある。

現場に立ち入った筆者を歓待してくれた偉大な製造者のみなさんに感謝を。Best Made創業時からの顔見知りもいれば、本書執筆中に出会った人もいる。日本の新潟県三条市の水野さん、スウェーデンのガブリエル・ブランビーとジュリア・カルソフ、ノースカロライナ州のリーアム・ホフマン、テネシー州のグラント・ワンザー、メイン州のブラント＆コクランのみなさんには、特に感謝している。みなさんがいなければ、物語るに足る斧はそもそも存在しない。

そしてBest Madeの仲間にも敬意を表したい。私の会社設立と斧のストーリー性を伝えることを、みんなほど助けてくれた人はいない。筆者のクリエイティヴチームにも感謝を。マディ・タンク、ステファニー・イッゾ、ケ

イティ・ハッチ、ジェイソン・フランク・ローゼンバーグ。斧をきれいに見せるのに協力してくれたジョン・マクレーンにも謝意を（撮影用に斧も数本貸してくれた）。また、キャンプ場「アーメック」の常連仲間であるマイケル・ラニアックにも大きな敬意を。カメラの前での撮影に果敢に挑戦し、その勇姿を見せてくれた。

またBest Made初期顧客のみなさんにも敬服を。最初の顧客のひとりフランシス・モールマンは、最高の擁護者で冒険仲間でもあった。そしてまたひとりは斧の詩人で、メイン州およびニューハンプシャー州のトレイル警備をしているクリス・ガービーだ（100ページ参照）。

ロブ＆リサ・ハワード、さらにホール・ウィルキーには、とりわけ本書の追い込み段階で、親切かつ寛大な対応をしてもらえて、恩義に堪えない。

誰よりも世話になったのがミーガンだ。彼女はBest Made初期の頃からいてくれて、最後までずっと一緒に、あの美しい荒馬に乗ってくれた。事業も終わって本が完成した今、ミーガン、次のロデオをやるならいつでも行けるよ。

本は著者がいないと始まらない。その役割を担えることは誇らしいが、照れくさいところもある。みなさん全員がいなければ、この本は何も仕上がらなかったし、その著者もさまようばかりだっただろう。ありがとう。

——ピーター・ブキャナン＝スミス
ニューヨーク州アンデス、2019年12月

「正確かつ複雑な細部ほど
神聖にして魅惑的なものはない」
——スティーヴン・ジェイ・グールド
（参考：『ぼくは上陸している』渡辺政隆訳）

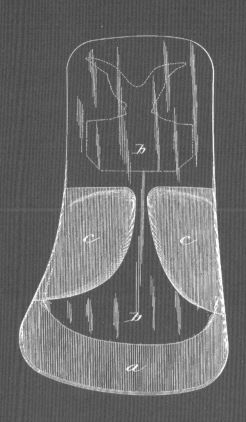

INVENTOR
James P. Kelly,
BY
Chester Bradford,
ATTORNEY.

N.º 3118

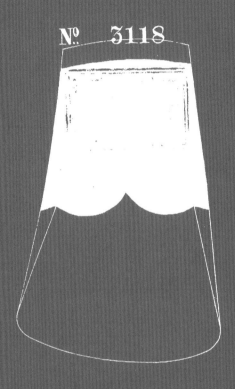

Inventor. *Wm M. Myers*
By his attorney
L B Johnston?

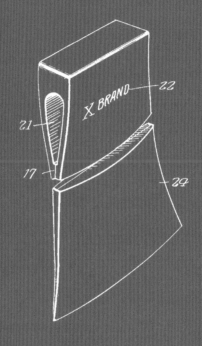

22

21

X BRAND

17

29

Inventors

Howard Adams Vaughan
Gunnar Olson and
By Erick Erickson
Fred Gerlach Their Atty.

ブキャナン=スミスの斧本
焚き火、キャンプ、薪ストーブ好き必携！

2021年8月25日　初版第1刷発行

著者　　ピーター・ブキャナン=スミス（©Peter Buchanan-Smith）
協力　　ロス・マキャモン、ニック・ズドン、マイケル・ゲッツ
発行者　長瀬 聡
発行所　株式会社 グラフィック社
　　　　〒102-0073 東京都千代田区九段北1-14-17
　　　　Phone: 03-3263-4318　Fax: 03-3263-5297
　　　　http: www.graphicsha.co.jp
　　　　振替: 00130-6-114345

ISBN 978-4-7661-3438-4 C0076
Printed in Japan

日本語版制作スタッフ
翻訳　　　　　　　　大久保ゆう
組版・カバーデザイン　小柳英隆
編集　　　　　　　　関谷和久
監修　　　　　　　　服部夏生
制作・進行　　　　　竪山世奈（グラフィック社）

印刷・製本　図書印刷株式会社